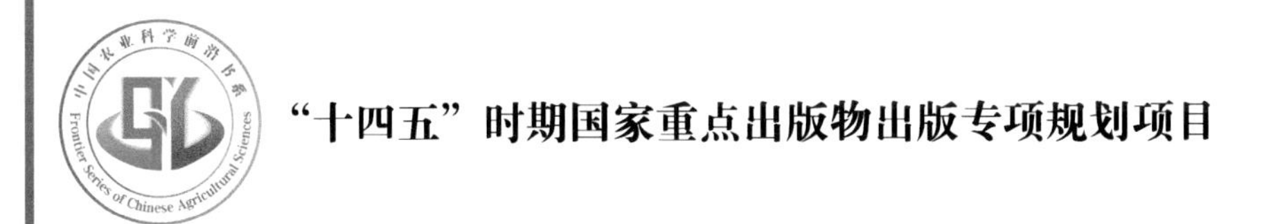

叶面积指数遥感产品尺度转换建模研究

◎陈　虹　著

中国农业科学技术出版社

图书在版编目（CIP）数据

叶面积指数遥感产品尺度转换建模研究 / 陈虹著 . -- 北京：中国农业科学技术出版社，2024.1
ISBN 978-7-5116-6710-6

Ⅰ. ①叶… Ⅱ. ①陈… Ⅲ. ①遥感技术－应用－叶面积指数－系统建模－研究 Ⅳ. ① Q948.112

中国国家版本馆 CIP 数据核字（2024）第 038083 号

责任编辑 马维玲
责任校对 李向荣
责任印制 姜义伟 王思文

出 版 者 中国农业科学技术出版社
北京市中关村南大街 12 号 邮编：100081
电 话 （010）82109194（编辑室）（010）82106624（发行部）
（010）82106624（读者服务部）
网 址 https：// castp.caas.cn
经 销 者 各地新华书店
印 刷 者 北京建宏印刷有限公司
开 本 170 mm × 240 mm 1/16
印 张 7
字 数 129 千字
版 次 2024 年 1 月第 1 版 2024 年 1 月第 1 次印刷
定 价 68.00 元

前言

如何得到不同尺度上的遥感反演产品真值，是提升定量遥感精度的重要问题。本书旨在探讨以叶面积指数为研究对象的地表关键参数的尺度效应，揭示不同尺度下的尺度效应变化规律，建立不受限于遥感反演函数特性，并且较少依赖同步小尺度先验知识的叶面积指数空间尺度转换模型，为获取不同尺度下的叶面积指数反演真值，进而提升遥感产品精度奠定扎实的理论基础。围绕该目标，本书主要开展以下几个方面的工作。

以空间尺度上推像元聚合过程为基础，清晰地描述2种截然不同的大尺度反演过程，分别从单变量和双变量反演函数的角度出发，构建尺度效应的定量表达式，通过研究样区的空间尺度效应数值分析，探讨不同地表下垫面情况下的空间尺度效应分异性，详细分析导致空间尺度效应的主导因素，探究单双变量反演函数空间尺度效应与空间异质性的协同变化规律。

基于二进制离散小波变换理论及其多分辨率分析的特性，对叶面积指数在多个不同聚合尺度下遥感反演的尺度误差与小波分解系数之间的关系进行综合分析，结果表明，两者之间存在高度相关的幂律关系，从而建立基于离散小波的叶面积指数尺度转换模型。通过对该模型在不同聚合尺度下的尺度转换结果进行分析，证实所建立的尺度转换模型在大多数情况下能够适用于同步先验小尺度数据缺失的情况。

借鉴基于计算几何的尺度转换模型的思路，结合地面测量值的实际分布情况，模拟上推到一系列大尺度后，通过上下包络值最小二乘拟合出最优权重系数，建立具有权重系数自率定的基于计算几何的叶面积指数尺度转换模型。结果表明，相对传统计算几何尺度转换模型而言，优化后的尺度转换模型能够在较少先验知识条件下有效消除尺度误差，达到与泰勒级数尺度转换模型相当的精度。

目录

1 绪论 …… 1
1.1 选题的背景和意义 …… 3
1.2 国内外研究现状 …… 4
1.3 主要研究目标和内容 …… 16
1.4 组织结构 …… 17
2 研究区数据的获取与处理 …… 19
2.1 研究区概况 …… 21
2.2 遥感数据的获取与处理 …… 23
2.3 地面测量数据情况介绍 …… 26
2.4 叶面积指数反演函数 …… 27
2.5 本章小结 …… 28
3 叶面积指数空间尺度效应分析 …… 29
3.1 叶面积指数空间聚合过程及尺度效应产生原因 …… 31
3.2 叶面积指数空间尺度效应的数学表达 …… 33
3.3 单双变量反演函数系数的率定 …… 36
3.4 单变量函数空间尺度效应与空间异质性的协同变化规律分析 …… 41
3.5 双变量函数空间尺度效应与空间异质性的协同变化规律分析 …… 43
3.6 本章小结 …… 48

4 基于小波变换的尺度转换方法 …… 49
4.1 小波变换原理概述 …… 51
4.2 基于二进制 DWT 的尺度转换模型 …… 56
4.3 小波变换模型转换系数的确定 …… 58
4.4 空间尺度转换结果分析与比较 …… 64
4.5 本章小结 …… 71

5 基于计算几何的尺度转换方法 …… 73
5.1 计算几何原理概述 …… 74
5.2 基于计算几何的尺度转换模型改进 …… 75
5.3 空间尺度转换结果分析与比较 …… 82
5.4 本章小结 …… 90

6 结论 …… 93
6.1 主要工作与结论 …… 94
6.2 主要的创新点 …… 95
6.3 存在的问题和工作展望 …… 96

主要参考文献 …… 97

1

绪论

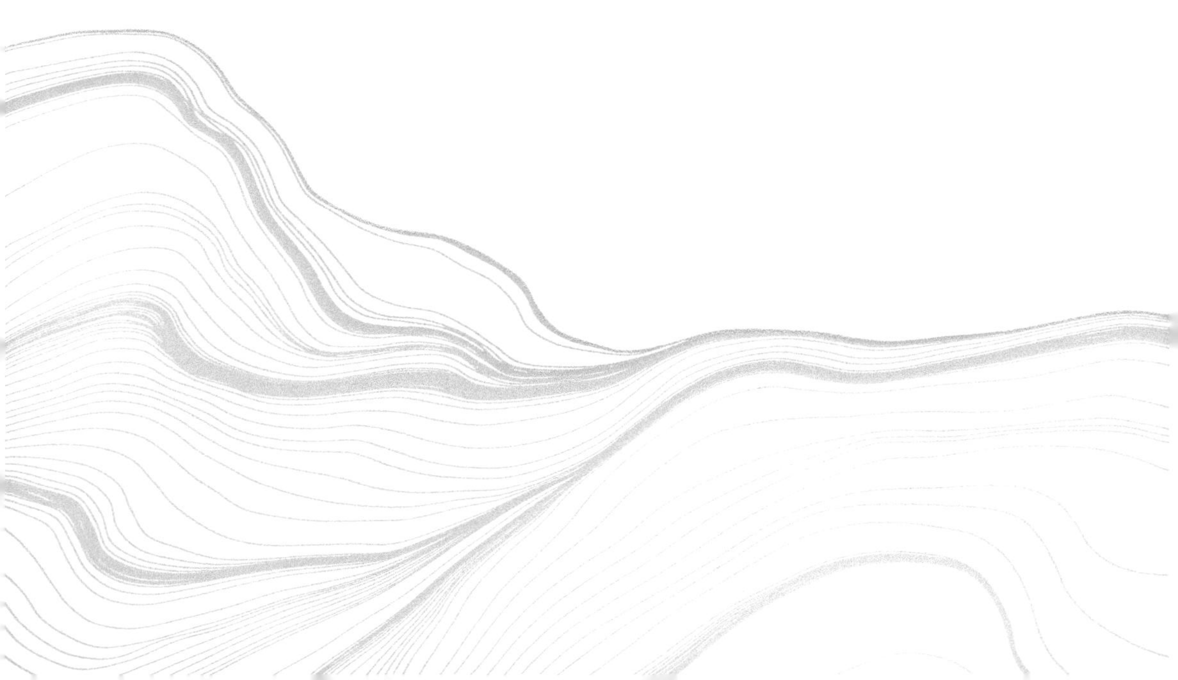

1.1 选题的背景和意义

长期以来，对于尺度这个概念，不同的学科领域有着不同的内涵。不同学科的专家从各自的角度出发对尺度的概念进行理解和表述，对尺度界定的侧重点也不尽相同，即使是相同学科，不同领域对尺度的定义也呈现出多样性，这就造成对尺度问题理解的困难及混淆，因此，明确尺度概念是开展尺度转换工作的首要条件。广义地讲，尺度是研究客体或过程现象的空间维和时间维，同时还可以表示某一种现象或过程在空间所涉及的范围和在时间上的发生频率，标志着对研究对象细节的了解水平（明冬萍 等，2008）。遥感学科中所涉及的尺度问题同样可分为空间和时间 2 个方面，目前研究焦点多集中于空间尺度问题上。本书中的空间尺度主要是指遥感数据的空间分辨率，实质就是空间采样单元的大小。LAM 和 QUATTROCHI（1992）从地理学的角度又把空间尺度具体细分为：制图尺度或地图尺度、观测尺度或地理尺度、测量尺度或分辨率、运行尺度或操作尺度。吴骅（2010）从遥感学科出发，分别从遥感观测、建模和产品的角度来研究尺度问题，把空间尺度进一步细分为观测尺度、模型尺度、过程尺度、地理范围尺度、决策尺度和制图尺度 6 个子类，进一步明确遥感学科中的空间尺度范畴。

众所周知，在自然和社会科学研究中，均存在大量与空间尺度相关的问题。MCCARTHY（1957）早在 1957 年就提出，在地理学研究中，不同尺度下某一现象的机理可能完全不同，不能期望在某一个尺度上研究得出的结论能直接应用于其他尺度，尺度上的每一个变化都会引出新的问题，没有理由假设在某一个尺度上所发现的关联在其他尺度上仍然存在，要想了解另外一个尺度的结果就必须进行尺度转换。物理学中经典的牛顿力学理论就是一个典型的尺度问题，即在宏观世界建立的经典的牛顿力学理论只适用于宏观世界而不适用于微观世界。在一般的情况下，地理实体或现象的空间分布模式往往呈现出一定的尺度依赖性，在某一尺度上发生的空间现象，在另一尺度上不一定会发生，在某一个尺度上是同质的现象到另一个尺度上可能就变成异质的，在某一个尺度下建立的模型、总结出的原理或规律在另一尺度上可能仍然是有效的或是相似的，但也可能需要修正，尺度的改变可能显著影响观测的结果（王祎婷 等，2014a；李小文 等，2013）。尺度问题无处不在，而研究尺度的选择则会影响研究成果的科学性和实用性（吕一河 等，2001）。事实上，由于对遥感尺度效应了解不够，对一些基本物理定理、定律、概念在遥感像元尺度上的适用性模糊不定，对用地面测量的点上数据验证像元尺度的遥感反演结果的适用性含糊不清，这都使得对遥感观测的像元尺度上的信息缺乏理解，难以进行像元尺度之间及其与传统点之间的信息转换（苏理宏 等，2001）。以实际应用为例，天气预报、环境监测、农作物长势和产量估算、灾情评估和地质构造调查等工作都是在其特定的尺度上进行的，如果将小尺度农田中计算得到的土壤含水量直接用于大范围的干旱监测将可能产生较大的误差。有研究表明，如果只是简单地以点数据代替面数据进行叶面积指数反演，所产生的误差可能高达 250 %（张仁华 等，1999）。

“美国地理遥感之父” Simonett 教授在 20 世纪 70 年代末期就指出“尺度问题”是遥感科学的核心问题。1993 年，在法国召开的热红外遥感尺度问题国际会议，尺度问题被认为是从天空观测地球的首要挑战（RAFFY，1998），此后，尺度效应的重要性才逐步被人们所认识，关于尺度效应的研究逐渐增多（李小文，2006）。随着传感器空间分辨率的不断提升和遥感应用领域的拓展与深化，空间尺度问题也日益凸显，空间尺度效应的存在将制约遥感定量的精度，限制遥感技术从定性向定量化发展，因此，空间尺度是定量遥感领域亟待解决的热点问题（李小文 等，2013；张仁华 等，2010；WU and LI，2009）。

基于以上考虑，本研究选择以地表关键参数叶面积指数（Leaf Area Index，LAI）为例，聚焦于空间尺度上推像元聚合过程，通过利用不同地表类型样区的大尺度模拟数据来分析空间尺度效应形成的内在机理以及不同部分尺度效应的耦合机制，探索在不同区域、不同模型、不同聚合尺度下的尺度效应变化规律，分别以单、双变量模型为例，分析空间尺度效应与空间异质性的协同规律。在掌握尺度效应机理的基础上，突破传统尺度转换模型的诸多限制，试图尽量摆脱同步小尺度先验数据的束缚，建立适用性更广、约束性更小、校正精度更高的普适性的尺度转换模型。

1.2 国内外研究现状

1.2.1 叶面积指数遥感反演研究进展

LAI 是表征植被冠层结构最基本的参数之一，也是决定植被生物量和产量的关键因子，是作物长势监测估产的重要数据源。LAI 通常被定义为单位地表面积上总叶面积的 1/2（CHEN and BLACK，1991）。LAI 显著影响地表与大气间的能量和物质交换，是水文、生态、生物地球化学和气候模型所需的关键参数（CHEN，1999）。如何在不同尺度上反演得到准确的 LAI 产品，对于光合有效辐射、作物产量和蒸散发量等各种参数的精确反演和病虫害监测具有十分重要的意义。因此，本研究以地表关键参数 LAI 作为尺度效应及尺度转换的研究对象。

卫星遥感数据覆盖范围广，对大面积的 LAI 进行定量估算，不仅省时省力，而且可以实时、快速、准确地实现大尺度 LAI 的测量，动态监测 LAI 变化，遥感已成为获取区域及全球 LAI 产品的主要技术手段。随着遥感技术的日益成熟，多传感器、多时相、多空间分辨率、多光谱分辨率的遥感影像，也为多尺度大面积 LAI 的定量遥感研究提供丰富的数据源（ATZBERGER et al.，2017；黄彦等，2016；PASOLLI et al.，2015；PU and CHENG，2015）。目前，利用卫星遥感数据获取 LAI 的主流方法主要有 2 种：经验模型法和物理模型法。

经验模型法：通过建立植被指数与叶面积指数的统计关系来反演叶面积指数。该方法主要是利用植被冠层的光谱相应特征差异，即在红光波段，植被的吸收率很高，反映冠层顶部的大量信息；在近红外波段，植被的吸收率很低，反射率和透射率很高，表现出冠层内叶片的丰富信息，以抑制背景效应，凸显光谱信息对 LAI 敏感的作用。该方法以 LAI 作为因变量，以光谱数据或者植被指数作为自变量建立的估算模型，经验反演函数有许多形式，如表 1.1 所示。其中，x 为光谱指数或植被指数，a、b、c、d 为模型系数。以植被指数作为反演函数的自变量是经典的 LAI 遥感定量方法，植被指数在农业定量遥感领域中应用广泛，在地表植被覆盖以及农作物长势监测方面发挥着重要的作用。经过几十年，各国学者已发展几十种植被指数，各植被指数均有其适用条件，其中，常用于叶面积指数反演的植被指数类型包括：归一化植被指数（Normalized Difference Vegetation Index，NDVI）、差值植被指数（Difference Vegetation Index，DVI）、比值植被指数（Simple Ratio，SR）等，具体计算公式如表 1.2 所示。

表 1.1 叶面积指数经验反演函数类型

反演函数类型	反演函数表达式
多项式模型	$f(x)=ax^3+bx^2+cx+d$
线性模型	$f(x)=ax+b$
对数模型	$f(x)=a+b\times\ln(x)$
指数模型	$f(x)=a\times e^{bx}$

表 1.2 不同类型植被指数表达式

植被指数名称	植被指数表达式	参考文献
归一化植被指数（Normalized Difference Vegetation Index，NDVI）	$\mathrm{NDVI}=\frac{\rho_{\mathrm{nir}}-\rho_{\mathrm{red}}}{\rho_{\mathrm{nir}}+\rho_{\mathrm{red}}}$	ROUSE et al.，1974
差值植被指数（Difference Vegetation Index，DVI）	$\mathrm{DVI}=\rho_{\mathrm{nir}}-\rho_{\mathrm{red}}$	RICHARDSON et al.，1977
比值植被指数（Simple Ratio，SR）	$\mathrm{SR}=\frac{\rho_{\mathrm{nir}}}{\rho_{\mathrm{red}}}$	JORDAN，1969
修改型比值植被指数（Modified Simple Ratio，MSR）	$\mathrm{MSR}=\frac{\rho_{\mathrm{nir}}-\rho_{\mathrm{red}}}{\sqrt{\rho_{\mathrm{nir}}+\rho_{\mathrm{red}}}+1}$	CHEN，1996
重归一化植被指数（Renormalized Difference Vegetation Index，RDVI）	$\mathrm{RDVI}=\frac{\rho_{\mathrm{nir}}-\rho_{\mathrm{red}}}{\sqrt{\rho_{\mathrm{nir}}+\rho_{\mathrm{red}}}}$	ROUJEAN and BREON，1995

注：ρ_{nir} 和 ρ_{red} 分别是近红外波段和红光波段的反射率。

经验模型法是经典的遥感定量方法，通常需要大量的野外和实验室实测数据的支持以建立统计关系，而且经验模型往往对于不同地类、不同季相或不同区域都不具有普适性。但该方法对输入参数要求不高，简化光子在冠层内复杂的传输过程，不需要大气及太阳、观测几何方面的参数，计算简单，便于应用，并且在小区域内可获得较高的精度。

物理模型法：基于植被—土壤波谱特性及非各向同性辐射传输模型反演叶面积指数。该方法主要指冠层反射模型，包括几何光学模型、辐射传输模型和混合模型（YIN et al.，2015a；徐希孺，2006）。基于植被的非朗伯体特性，利用双向反射率分布函数 BRDF 模拟辐射传输过程，从而反演出植被的叶面积指数 LAI（方秀琴 等，2003）。这种方法具有物理基础，不依赖植被类型的变化，有效地缓解经验模型法的某些不足之处。利用几何光学模型进行反演的较少，常使用的是 SAIL 模型（VERHOEF，1984）。该方法的主要优势为物理意义明确，不依赖于植被类型，更具有普适性。目前，基于物理模型的反演方法已成为全球 1 km 尺度 LAI 产品如 MODIS LAI、GEOV1 LAI 和 GLASS LAI 等的主流算法（赵静 等，2015）。

由于物理模型本身的复杂性导致反演过程非常耗时，实际应用中更多的仍是传统的通过一元或逐步多元回归建立光谱信息与 LAI 之间的相关关系（黄彦，2015）。而本研究重点在于 LAI 的空间尺度效应和尺度转换，而不是 LAI 反演的精度，因此，选择简单灵活的传统经验模型法进行 LAI 的反演建模。

1.2.2 空间尺度问题研究进展

在遥感领域的空间尺度问题研究主要分为以下 2 个方面：一是空间尺度效应研究；二是尺度转换模型研究。

1.2.2.1 空间尺度效应研究进展

空间尺度效应的研究是解决尺度问题的重要研究基础，空间尺度效应产生过程涉及的科学问题很多，每个环节都需要深入的研究和探讨，因此，掌握尺度效应的产生机理以及明确各部分尺度效应的耦合机制是提升尺度转换精度的重要前提。QUATTROCHI 和 GOODCHILD（1997）提出尺度是地理信息科学中最重要的问题，而且尺度问题的研究并不是孤立存在的，尺度问题存在于各个学科之中。许多个学科都面临着尺度问题，而不同学科尺度效应产生的机制也各不相同（LOHRER et al.，2015）。从自身的研究角度出发，学者们从各自的研究角度对尺度效应的含义做出不同的解释。徐希孺（2006）认为由于混合像元及像元内三维空间结构的存在，使得像元温度已不具备温度原有的物理意义，混合像元不再具备朗伯体性质，这些造成不同分辨率遥感影像所得反演量的差异，即空间尺度效应。栾海军等（2013a）认为遥感学科中的空间尺度效应主要指由于遥感数据空间分辨率的变化而导致分析结果随之变化的现象。还有学者给出更详尽的解释，他认为同一区域、同一时间、同样遥感模型、同类遥感数据、同等成像条件，只是分辨率不同导致的遥感反演地表参量不一致，并且这种地表参量属于存在物理真值的可标度量，这种现象称为遥感产品尺度效应（刘良云，2014）。综合各个学者对尺度效应的定义，结合本研究的意义和目标，将尺度效应定义如下：在特定尺度上建立的遥感产品物理或经验反演函数，利用特定分辨率的遥感数据作为输入参数，从而反演得到地表参数特定尺度上的遥感产品，当模型直接应用于其他更大的尺度时，直接将低分辨率的遥感数据输入模型得到的遥感产品中存在的误差。

从研究角度出发，针对遥感空间尺度效应研究可分为以下 2 类：一类是在特定尺度下研究遥感物理定律、定理、模型以及概念的修正（万华伟 等，2008）。如李小文等（1999）对非同温黑体表面上普朗克定律的尺度效应进行研究，给出适合于该类对象的有尺度修正的普朗克定律及 2 阶泰勒近似。还有学者探讨比尔定律、普朗克定律在遥感像元尺度上的表现形式（栾海军 等，2013a）。另一类则一直以来是大部分尺度效应的研究重点，同时也是本研究的着眼点，即针对不同尺度下获取的遥感产品之间的差异及其变化规律进行分析。如何界定某一尺度上遥感产品的真值，这是准确判定尺度效应的重要前提，同时也是尺度问题研究中的一个关键所在。以 LAI 的尺度效应为例，研究者们假设小尺度 LAI 反演函数都是建立在像元同质性的基础上，在大尺度上反演 LAI 时，由于大尺度反演函数建立难度大，直接运用小尺度上建立的模型（YAN et al.，2016）。然而由于大尺度像元多为混合像元，同质性假设很难成立，反演结果也就产生很大的误差，而多以小尺度反演值聚合到大尺度得到的平均值作为大尺度反演的理论真值。

大量研究表明地表参数反演的空间尺度效应与空间异质性以及反演函数的非线性程度密切相关（YAN et al.，2016）。绝大多数的研究是基于下垫面为连续植被的前提下的，陈健等（2006）对芦苇 LAI 反演误差分析的结果显示，模型的非线性对 LAI 影响很小，而 LAI 的空间异质性则是引起尺度效应的根本原因；徐希孺等（2009）建立连续植被不同尺度之间 LAI 反演值的转换公式，研究证明，混合像元中连续植被所占面积比例随尺度呈非线性变化是造成尺度效应的主要根源，同样也例证空间异质性是影响尺度效应的关键所在。还有部分学者针对离散植被的尺度效应展开深入研究，CHEN（1999）利用纹理和地类分布结构信息对尺度效应进行定量描述，研究表明，在进行森林 LAI 估算时，非线性的反演函数用于多种地类混合的像元是造成尺度效应的主要原因，当植被和水体混合时，尺度效应会导致大尺度反演值高估误差高达 45 %。随后许多学者的研究也印证他的观点，有研究将 1 km 影像分别聚合至不同的大尺度上，计算出不同尺度不同地物类型的真实面积与根据栅格数据计算的面积之间的误差，证明尺度误差与相应尺度范围内的地物种类是相对应的（刘明亮 等，2001）。TIAN 等（2002）对苏格兰地区的 MODIS LAI 产品进行多尺度分析和验证，结果表明，随着尺度增加，当一种植被类型中混合大量其他植被类型时，会产生较大的反演误差。姚延娟等（2007）对 2 种情况下混合像元对 LAI 反演所带来的不确定性问题展开研究，结果表明，不同组分构成的混合像元对 LAI 反演结果的影响要大于由不同长势的作物所构成的混合像元。范闻捷等（2013）研究认为遥感反演 LAI 尺度效应是 LAI 的空间分布不均与反演函数的非线性共同造成的，同时也证明离散植被与连续植被存在不同的空间尺度效应产生机理。

空间异质性和模型非线性究竟哪个才是尺度效应的主导因素，学者们也展开了大量研究，CHEN（1999）认为由于混合像元仅仅采用组分比例占优势类别的反演函数，因此，在离散植被上，线性模型也可能导致尺度效应。GARRIGUES 等（2006a）结合不同变量形式的反演函数对 LAI 反演的辐射传输模型非线性程度和像元异质性程度的定量分析，结果表明，双变量反演函数的尺度效应是由各组分相互作用而成的。随后有研究指出遥感反演的尺度效应大小与反演函数的非线性程度有关，并且不能武断地认为线性的遥感反演方法不产生尺度效应，而非线性反演方法一定会产生尺度效应（WU and LI，2009）。还有研究在作物冠层反射率模型基础上进行理论分析，得出连续植被尺度效应是由地表不均一性和反演函数的非线性共同造成的结论，其中异质性是产生尺度效应的主要因素（徐希孺 等，2009）。朱小华等（2010）模拟出不同尺度的 LAI 反演情况，比较考虑异质性和未考虑异质性情况下的尺度误差，即模型非线性所导致的误差，结果表明地表景观结构的空间异质性是造成多尺度 LAI 反演误差的关键因素。

空间异质性是尺度转换研究领域的一个极为重要的基本概念和问题。大量关于尺度效应的研究结果表明尺度效应主要是由反演函数的非线性和地表的异质性造成的，其中绝大部分研究认为空间异质性是导致尺度效应产生的主导因素。区域化变量的属性随着空间位置变化而改变称为空间异质性，可以细分为 2 类：一是空间变化，即区域化变量的值在空间上的变异程度，定义为类内异质性；二是空间构成，不同区域化变量在空间上呈现出的各种排列形式，定义为类间异质性。有研究结果表明类间异质性造成的尺度效应可能比连续分布类内异质性所带来的尺度效应更加明显（吴骅，2010）。

空间异质性的定量描述针对类间异质性的定量研究较少，主要方法是通过大尺度像元中的空间结构，即像元内不同组分比例来表示（JIN et al.，2007；CHEN，1999）。而目前主要还是针对类内异质性的纹理参数化法，通过定义不同的参数来描述不同尺度地表特征的空间异质性，目前比较常用的方法主要可分为方差法、变异函数法、小波变换法和分形法 4 类（吴骅，2010）。对地表空间异质性的定量化研究是尺度效应和尺度转换研究的重要前提，可以为以泰勒级数展开法为原型发展起来的空间尺度转换模型提供重要的数据支持（吴骅，2010）。

1.2.2.2 空间尺度转换方法研究进展

尺度转换是一个动态的过程，是将某一特定尺度上的得到的结果转换到另一个尺度表达的过程。在地理、生物、生态、水文的研究领域、针对不同的地表参数对象都产生其特有的尺度转换方法（WANG et al.，2017；BAI et al.，2017；WANG et al.，2016；杨会巾 等，2016；ADAB et al.，2016；QIAO et al.，2016；ERSHADI et al.，2013）。在生态学中，主要有空间分析法、相似性分析等（ANDREW et al.，2015；张娜，2006）。在水文学中，数据的尺度转换主要依赖于分形方法、小波分析方法、以混沌理论为基础的尺度转换方法、分布式水文尺度转换模型等（胡云锋 等，2012）。

在遥感领域，目前按照尺度转换的数据类型可以分为 2 类：一类是“点面转换”，另一类是“面面转换”。“点”指的是地面样区测量值，“面”代表卫星遥感影像数据（XU et al.，2015）。点到面是地面点测量尺度与遥感像元尺度之间的尺度转换，面到面通常是将遥感小尺度像元（高分辨率）与大尺度像元（低分辨率）之间的转换。按照转换方向又可以分为尺度上推（Upscaling）和尺度下推（Downscaling）2 个过程（BIERKENS et al.，2000）（图 1.1）。尺度上推信息量由多到少，是一种信息的聚合，尺度下推信息量由少到多，是一种信息的分解。尺度上推是将精细尺度上的观察、试验以及模拟结果外推到较大尺度的过程，它是对信息的综合；反之，尺度下推是将大尺度上的观测、模拟结果推译至局部小尺度上的过程，它是对信息的重新细化（吴骅，2010）。尺度上推研究多基于遥感影像的尺度转换即面与面之间的尺度转换（刘艳 等，2014），尺度下推多利用地面采样点的空间插值实现，在地表温度、土壤水分、降水等研究领域应用较多（COLLIANDER et al.，2017；HU et al.，2015；王祎婷 等，2014b；王璐 等，2012）。在降尺度研究方向，Atkinson（2013）将遥感中的降尺度方法归纳为 3 种：借助目标参数空间变化的假定或先验知识、空间插值以及不同空间分辨率数据或产品间的相关关系（图 1.1）。大量研究者仍重点研究借助相关地理要素间的关系为先验知识，引入更高分辨率上可获得的地表要素信息，从而解决升降尺度过程中信息量不足的问题（李小军 等，2017；BISQUERT et al.，2016；FLUET-CHOUINARD et al.，2015；MISHRA et al.，2015；KUSTAS and NORMAN，2000）。

按照尺度转换的对象不同，研究者也进行类型的划分。李小文将测量单元变化的尺度转换简单进行抽象，即认为尺度的研究包括：输入参数、反演函数以及输出参数 3 个方面的尺度转换（李小文 等，1999）。部分学者尺度转换研究关注更多的遥感观测数据即输入参数的尺度转换，关注上推过程影像的重采样方法以及上推后的精度分析（李乐 等，2017；胡云锋 等，2012；韩鹏 等，2008）。本研究着眼点在于尺度上推过程中大尺度遥感产品即输出参数的尺度转换研究。基于简单加权平均的尺度转换对数据特征及反演的物理机制均考虑不足，直到 HU 和 ISLAM 提出的分布式和集总式尺度转换模型，为尺度转换研究提供一个通用框架，清晰地表达出 2 种不同的大尺度聚合途径，为尺度转换研究理论的完善奠定扎实的基础（HU and ISLAM，1997a）。随后，在大量尺度转换研究中，学者们均沿用他们所提出的这 2 种不同的聚合途径作为尺度转换中尺度误差的计算标准。LIANG（2004）针对定量遥感中的真实性检验问题提出一种基于点数据对 MODIS 产品反射率和反照率进行验证的技术，实现不同空间尺度信息的转换。万华伟等（2008）发现利用线性光谱混合模型和连续植被辐射传输模型进行尺度转换能更准确地建立植被不同尺度转换关系。

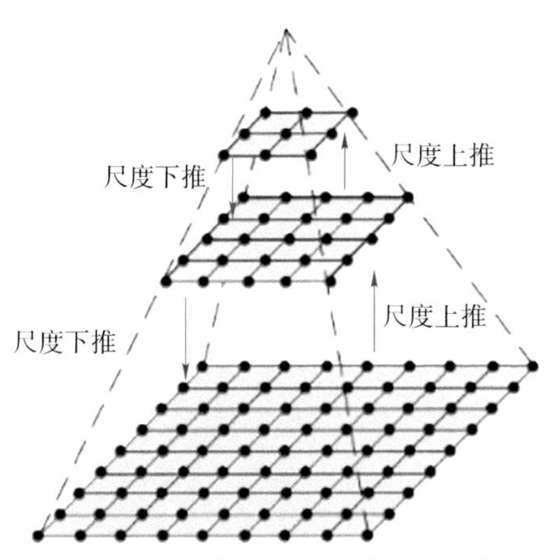

图 1.1　尺度上推和尺度下推过程示意图

尺度转换的研究重点是建立普适性的尺度转换模型，众多学者开展各种研究，分别发展起来一系列尺度转换方法（TRAMONTANA et al.，2015），其中部分数学方法在小尺度和大尺度像元信息同时获取的基础上，定量地分析尺度效应，建立具有一定数学物理基础的尺度转换模型（吴骅，2010）。李小文（2013）提出通过利用已知地学环境要素的先验知识构造趋势面，获取观测点、像元值在空间上的代表性来实现多尺度间的自洽的尺度转换。近年来，基于先验知识趋势面等尺度转换方法也有一定的进展（BAI et al.，2017；吴小丹，2017；王祎婷 等，2014b）。而尺度转换研究具有代表性的方法主要包括泰勒级数展开式法、计算几何法、分形几何法、组分比例法等。

（1）泰勒级数展开式法

泰勒级数展开式指的是在已知函数在某一点的各阶导数值的情况下，可以用函数在该点的值以及这些导数值做系数构建的一个多项式来近似表示函数在这一点邻域中的值。BECKER 和 LI（1995）首先将泰勒级数展开法引入尺度转换研究中，他们将大尺度的比辐射率表示为组分比辐射率加权平均，将大尺度的等效温度表示为普朗克函数非线性及比辐射率非均匀性的综合。此后出现一系列不同形式的基于泰勒级数展开式的尺度转换模型，能够准确推导得到像元内空间异质性和反演函数非线性程度的定量化表达式（YIN et al.，2015b；刘艳 等，2014；WU et al.，2013；PELGRUM，2000；CHEN，1999；HU and ISLAM，1997a）。基于泰勒级数展开式所建立的尺度转换方法，是通过严格的数学推导出来，更具精确性，能够在一定程度上反映出尺度效应产生的内在机理（马灵玲，2008）。GARRIGUES 等（2006a）利用泰勒级数展开式得到 LAI 估算的尺度误差。此后，有研究表明基于泰勒级数展开式的尺度转换模型可以明显降低不同地表类型反演的尺度误差（WU and LI，2009）。随后也有研究人员通过泰勒级数展开式有效实现大尺度 LAI 反演结果的误差校正（刘艳 等，2010）。刘良云（2014）利用泰勒级数展开式验证 LAI 模型非线性是绝大部分陆地植被区域 LAI 尺度效应产生的主要因素，研究表明 NDVI 自身的非线性产生的尺度效应占 23 %，对于湿地类植被与水体混合情形，NDVI 变量非线性的贡献为主导贡献。HU 等（2015）利用泰勒级数展开式对地表温度尺度上推所产生的尺度误差进行校正。

（2）计算几何法

计算几何法是基于计算几何学中凸包的概念而发展出来的，根据凸集理论可以确定尺度转换后特征参数对应的值域，该值域直观地由反演函数的上下包络线所确定（RAFFY，1992）。尺度转换的最大误差即为上下包络线之差。根据反演函数的凹凸性，利用计算几何法可以定性判断出大尺度的反演值是否高估或低估小尺度的理论聚合值，该结论得到其他研究者的证实（胡少英 等，2005；HU and ISLAM，1997b）。在未知独立测量值的分布情况下，假设理论反演值会随着独立测量值的不同分布情况，均匀地分布在上下包络线之间，那么综合考虑，取上下包络线的均值能够在一定程度上降低尺度转换的误差，减少造成的尺度效应。基于这个假设，即可建立相应的尺度转换模型（WU and LI，2009）。计算几何法的优点不言而喻，对于非连续、不可导、非线性程度很大的反演函数都适用，并且可以不受必须拥有小尺度数据限制的约束。但由于包络线的确定非常复杂，因此当反演函数拥有多个输入参数时，计算几何法的应用也会略显复杂（PELGRUM，2000）。RAFFY（1992）假定大尺度像元内变量的空间分布一致，LAI 真实值的取值范围定义在反演函数凸集的上下限之中，而尺度误差被认为是这个范围振幅的 1/2。而 RAFFY 的这些假设对于模拟大尺度像元内的输入变量的空间分布是不恰当的，过度高估现实中空间变化性将导致高估尺度误差。后有研究认为通过缩小输入数据的空间域范围可以提高计算几何法的尺度转换精度（马灵玲，2008）。

（3）分形几何法

分形几何方法通过分维数来描述遥感信息的空间尺度特征，能定量表达图像的空间复杂性和信息，为定量描述地理对象的特征属性与空间尺度之间的关系提供理论依据（WU et al.，2016；WU et al.，2015）。由不同传感器且以不同空间和光谱分辨率获取的遥感影像能根据分形的测量来比较和评价，并据此进行空间尺度上推和下推。分形模型构建的前提是研究对象具有分形特征（YE et al.，2017；CHEN et al.，2016a；CHEN et al.，2016b；WU et al.，2016）。有研究表明土壤湿度数据具有多重尺度特性，而小波分解后的小尺度波动特征却具有单一尺度特性（HU and ISLAM，1998）。这种规律也可以在其他地表特征参数中发现，有研究表明 NDVI 和辐射温度的小尺度波动特征也满足单一尺度特性（BRUNSELL and GILLIES，2003）。柳锦宝等以及 ZHANG 等先后将分形几何学思想引入尺度转换研究，基于分形理论构建尺度转换模型，具有重要的开拓意义（张仁华 等，2010；ZHANG et al.，2008；柳锦宝 等，2007）。栾海军等（2013b）实现基于分形理论的 NDVI 连续空间尺度转换模型构建及该模型在真实性检验中的适用性分析。WU 等发现分形维数与 NDVI 标准差之间存在高度相关的关系，基于分形理论建立尺度转换模型（WU et al.，2016；WU et al.，2015）。根据描述的自相似的统计关系，就能够获取各级尺度下的先验知识，比如均值和方差，进而就能够实现不同尺度间的信息转换（吴骅，2010）。同样的地物在不同分辨率的遥感影像中，基于纹理的分形特征可能会发生很大变化，分形自相似性只存在于一定的尺度域内，当超过一定的尺度域分形维数将发生变化。研究认为分形和自相似法中存在着一个相似性尺度域，当尺度转换的范围超出相似性的尺度域后，这种方法就不再适用（HU and ISLAM，

1998）。尺度域的存在使得分形法的应用受到很大的限制，因此本书暂不对该方法进行深入探讨。

（4）组分比例法

CHEN（1999）在尺度效应研究中指出密度变化引起的尺度效应几乎可以忽略不计，而真正决定尺度效应大小的因素是由地物不连续变化引起的，即尺度效应是由于忽略混合像元中其他地类，而仅仅采用优势地类对应的反演函数来估算地表特征参数造成的。因此在尺度转换中采用结构信息（如大小、形状、面积、距离、组分比等）要胜过纹理信息（如范围、标准差、方差、协方差）。在这种情况下，即使线性的反演函数也会造成尺度效应（图 1.2）。

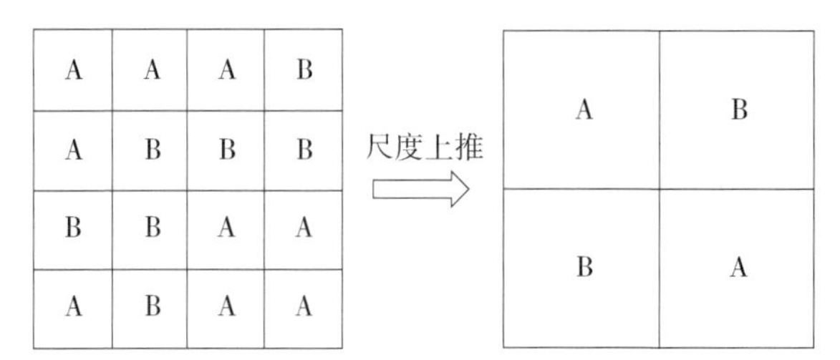

图 1.2　尺度上推过程中像元主导类别变化示意图

由此，CHEN（1999）首先将尺度效应表示为地表覆盖类型组分比的函数，并探讨这种方法在加拿大北部森林地区的应用。随后，JIN 等（2007）通过建立不同地类校正因子与组分比例的线性关系，将大尺度和小尺度聚合值紧密地联系起来，以主导覆盖类型的组分比例对不同尺度植被理化参数的反演建立经验校正公式对尺度误差进行修正。目前，组分比例法已经成功地应用于叶面积指数 LAI（张万昌 等，2008；JIN et al.，2007；田庆久 等，2006），用主导覆盖类组分比例来表征地表的类间异质性，通过校正因子分别建立不同类别地物尺度转换公式，实现 LAI 的升尺度转换，该方法同样也成功应用于净第一生产力（Net Primary Productivity，NPP）（CHEN et al.，2013；王培娟 等，2007；SIMIC et al.，2004；ZELIC et al.，2002）以及蒸散（Evapotranspiration，ET）（MAAYAR et al.，2006；辛晓洲 等，2005）的尺度转换中。

从大量研究中可以看出组分比例法对地物分类精度有一定要求，异质性越大的区域组分比例与校正因子的线性相关程度越大，尺度误差的校正效果越好。组分比例法的优势在于利用地表分类相对不变性，不依赖于高分辨率先验知识，可借助于地表覆盖类型分类图。但只强调组分间的差异即类间异质性是造成空间异质性的最大原因（CHEN，1999）。由于忽略组分内的空间异质性，因此该方法的校正精度仍有一定的局限。虽然组分比例法计算快捷，但是其物理机制尚不明确，组分比例分类精度、数量与校正效果之间的关系尚未明确。此外，该方法根据统计回归得到的组分比例和校正因子之间的线性关系与选取的反演函数及研究区分类情况关系密切，也导致其不具有普适性。

建立一整套普适性尺度转换理论框架始终是尺度转换研究工作的终极目标所在，在前人研究基础上，吴骅根据尺度转换的对象将尺度转换模型划分为3类：观测数据、反演模型、反演产品，并针对每个类型适用的尺度转换模型专门进行总结验证，初步建立一个普适性的尺度转换理论框架，为开展尺度转换实际应用提供参考依据（吴骅，2010）。

1.2.3 目前存在的问题与不足

尽管这么多年来开展大量基于尺度效应机理的研究，也得到尺度效应是由地表异质性和模型非线性共同作用的结果，这些结论也在随后的研究中得到验证，但是这些研究多是针对简单的单变量函数，在简化尺度问题的前提下得到的，而相对于单变量函数清晰的尺度效应形成机制，双变量模型的尺度效应耦合机制更加复杂，空间异质性与空间尺度效应在不同尺度下的变化规律仍不得而知。在实际应用中，这些存在的问题都或多或少地限制尺度转换研究的进一步发展。

目前，大部分的尺度转换模型都是在泰勒级数展开式的基础上建立的，经过严格的数学推导，具有很高的校正精度，但实际应用中仍存在很大约束。第一，在空间尺度效应的数学推导中，采用泰勒级数展开数学工具对空间尺度效应进行定量估算，这一过程要求遥感反演函数连续可导，因此当所选的遥感反演函数不连续或者不可导时，就无法估算出空间尺度误差。第二，大尺度遥感产品尺度误差的估算无法脱离同步小尺度先验数据。配套小尺度数据的获取难度大，成本高。此外还要求小尺度和大尺度数据的成像时间、观测几何等条件均近似保持一致，否则空间异质性的估算会带来一定的偏差，进而影响到大尺度叶面积指数产品尺度误差纠正精度。第三，现有方法在泰勒级数展开式中将3阶和高于3阶的展开项忽略不计，而当遥感反演函数非线性程度较大时，空间尺度误差的估算将产生较大的误差，从而影响尺度误差的纠正精度（PELGRUM，2000）。

基于计算几何的尺度转换模型虽然适用于各种类型的反演函数，无论反演函数是否连续可导，而且可以不需要同步小尺度数据的支持就进行尺度转换。

但传统的基于计算几何的尺度转换模型由于未考虑地表参数的实际分布情况，权重系数 1/2 的取值设置不合理，导致实际应用精度较低，甚至会出现过度校正的现象。但由于其不受限于反演函数的类型，不要求连续可导，因此，基于计算几何的尺度转换模型具有较大的改进余地和应用潜力。

1.3 主要研究目标和内容

1.3.1 主要研究目标

鉴于大多数叶面积指数反演函数都是建立在小尺度地表近似均一的情况，在面向中低分辨率行业应用时，地类混合产生的空间异质性势必造成叶面积指数反演的空间尺度效应，使得叶面积指数产品精度提高受限，因此，如何得到不同像元尺度上的叶面积指数遥感反演产品真值，是提升其精度的重要科学问题。本书旨在以叶面积指数为研究对象，探索不同尺度下叶面积指数的尺度效应，揭示单变量和双变量反演函数在不同尺度下呈现的尺度效应变化规律和影响机理，建立尽可能不受遥感反演函数特性制约，并且较少依赖先验知识的叶面积指数空间尺度转换模型，为获取不同尺度下的叶面积指数像元尺度真值，进而提升遥感产品实用性提供强有力的科学支撑。

1.3.2 主要研究内容

本书将针对上述问题，重点开展如下研究。

借助泰勒级数展开法，基于 2 种不同的大尺度反演途径，构建对不同输入变量情况下的反演函数尺度效应的定量化表达式，重点阐明单变量和双变量叶面积指数反演函数在尺度效应构成的差异，具体分析不同下垫面区域中单双变量模型的空间尺度效应与空间异质性的协同变化规律，这是本研究需要解决的首个关键问题，也是后续开展尺度转换工作的重要基础。

基于离散小波变换，重点分析小波分解过程与尺度上推过程之间的关联，利用离散小波变换的多分辨率分析的优势，结合不同聚合尺度下小波系数与尺度转换误差之间的变化规律，建立一个基于小波变换的不受到反演函数形式约束的尺度转换模型，在保证尺度转换精度的同时降低对同步小尺度先验数据的依赖程度，拓宽尺度转换模型的适用性。

透过对传统基于计算几何的尺度转换方法存在问题的分析，改进其权重系数的确定，考虑地面测量值的实际分布，通过多样区多尺度数据分析上下包络函数权重系数与样区空间异质性以及反演函数之间的关系，寻找一个能够简单动态确定上下包络函数权重系数的方法，构建一个能够进一步摆脱同步小尺度数据支持且适用于各类型反演函数的尺度转换模型。

1.4 组织结构

本书主要由以下 6 章组成。

第 1 章首先阐述本研究选题的背景和依据，接着梳理关于尺度研究的相关概念，并从叶面积指数遥感反演、空间尺度问题研究中的尺度效应研究、空间异质性研究、尺度转换方法研究多个层面探讨当前国内外的研究现状与进展。在剖析当前叶面积指数尺度研究中存在问题的基础上，确立研究目标及主要研究内容。

第 2 章详细介绍本书所选择的样区来源 VALERI（Validation of Land European Remote Sensing Instruments）数据库，具体包括该项目的样区基本情况、地面采样情况以及配套的遥感影像，此外还对后续扩展研究中所选择的遥感影像数据的获取途径和处理过程进行简要的说明。

第 3 章首先以空间尺度上推像元聚合过程为基础，阐明从 2 个不同空间聚合途径得到的遥感反演产品之间存在尺度效应的原因。借助于泰勒级数展开法，推导单、双变量各自的尺度效应定量表达式。通过不同下垫面类型的样区实例进行综合数值分析，分析导致空间尺度效应的主导因素，得到单双变量模型截然不同的空间尺度效应与空间异质性的协同变化规律，为后续尺度转换的研究奠定了理论基础。

第 4 章介绍小波变换的基本原理，揭示二进制离散小波变换分解过程与遥感尺度上推过程之间的密切关联，并基于小波分解过程的细节损失率与尺度聚合过程所产生的尺度误差率之间的幂律关系，构建基于离散小波变换的尺度转换模型，分别在有同步先验小尺度数据以及非同步先验小尺度数据支持的 2 种情况下，将基于小波变换的尺度转换模型与基于泰勒级数展开式的尺度转换模型精度进行综合比较，验证在同步小尺度数据缺失的情况下，基于小波变换的尺度转换模型对于单变量的叶面积指数反演尺度误差纠正优势明显，同时剖析基于泰勒级数展开式的尺度转换模型在没有同步小尺度数据支持的情况下精度欠佳的原因。

第 5 章尝试通过改进基于计算几何的尺度转换模型，进一步解决传统尺度转换模型对于先验小尺度数据过度依赖的情况。利用地表参数的自相似特性，通过多个尺度上推聚合，生成多尺度的嵌套模拟数据，从中动态地确定上下包络线的权重系数，构建基于凸包理论的权重系数自率定模型，在单变量的叶面积指数反演尺度误差纠正中进一步摆脱对同步小尺度数据的高度依赖，有效消除大尺度叶面积指数尺度效应。

第 6 章总结本研究所取得的结果、主要创新点及不足之处，并对今后这一研究领域的相关工作进行展望。

本书各章节的主要研究内容及关系如图 1.3 所示。

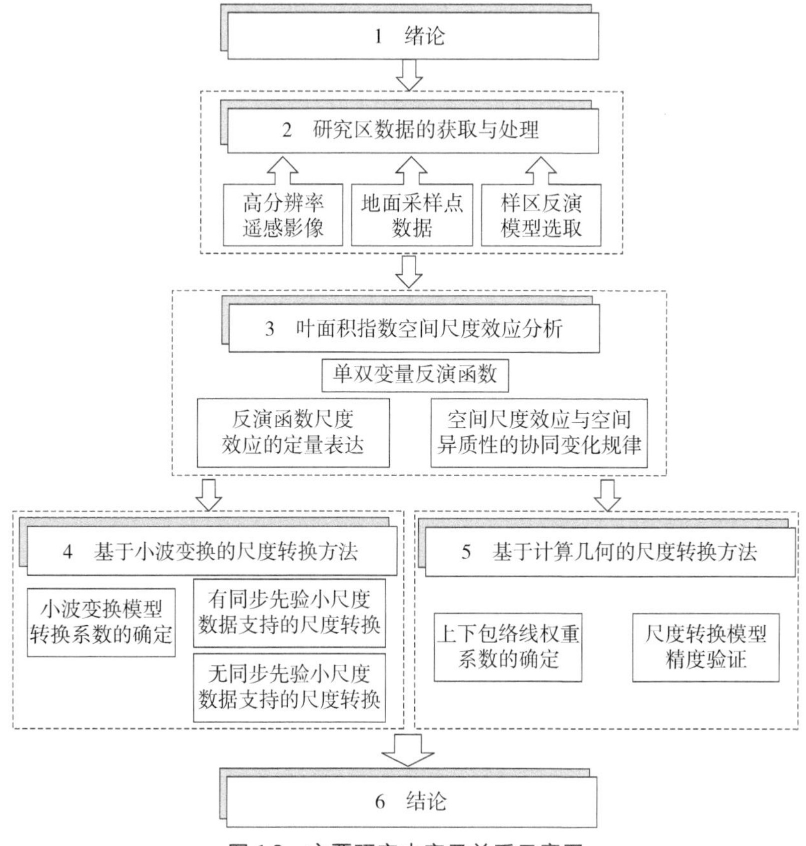

图 1.3 主要研究内容及关系示意图

2

研究区数据的获取与处理

本章将分别就本研究的研究区、实验数据及其处理过程进行介绍，其中研究区的介绍部分展示样区基本信息、地理位置、地表覆盖类型等；遥感数据介绍部分描述研究中所用的包含 SPOT、Landsat 卫星多种传感器（HRV、HRVIR、ETM+ 以及 OLI）的参数特性和研究区影像数据概况；遥感影像预处理部分介绍按照遥感影像产品的不同级别结合研究需求进行相应的预处理步骤；地面测量数据部分介绍数据获取时间、采样策略等。此外，本章在最后还介绍本研究所采用的叶面积指数反演函数的形式。

2.1 研究区概况

本研究以叶面积指数为例开展尺度效应及尺度转换研究，一共选择来自 VALERI 项目中 10 个国家的 10 个样区数据集，具体地理位置分布情况如图 2.1 所示。

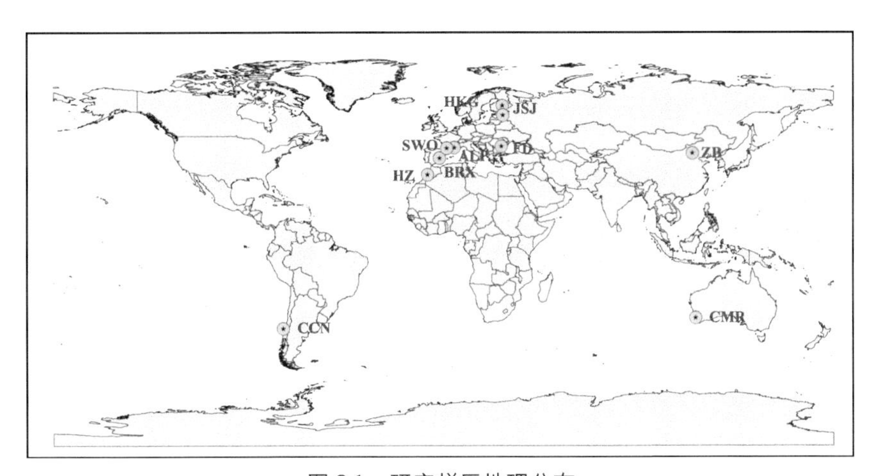

图 2.1　研究样区地理分布

VALERI 项目是欧洲空间局（European Space Agency，ESA）于 21 世纪初启动的欧洲陆地遥感器验证计划，目的是开展陆地遥感数据产品的真实性检验（GARRIGUS et al.，2006）。该项目共覆盖全球五大洲的 21 个国家 34 个样区，为卫星观测数据的生物物理变量产品（LAI、fAPAR、fCover）提供大量地面测量 LAI 验证数据，以及同步配套的高分辨率卫星影像数据等辅助数据集。该项目提供的数据集广泛地应用在大量的 LAI 产品地面验证研究工作（ZENG et al.，2014）。遥感影像及辅助数据下载地址：http: //w3.avignon.inra.fr/valeri/fic_htm/database/main.php。该项目在全球范围内设置一定数量的样区，每个样区都具有如下统一的特征：相对平坦的地区，由 1～2 种地物覆盖。

为对不同类型下垫面开展空间尺度效应与异质性的协同变化规律分析以及尺度转换模型的校正精度验证，本研究中共选择 VALERI 数据库中 10 个样区数据，各样区的基本信息如表 2.1 所示。

表 2.1　VALERI 样区基本情况

样区名称	样区代码	国家	主要地表类型	地面采样时间	纬度	经度	标准差
Fundulea	FD	罗马尼亚	作物	2001-05-09—10	44°24′21″ N	26°35′06″ E	0.225
Alpilles	ALP	法国	作物	2001-02-26—15	43°48′26″ N	4°44′33″ E	0.193
Barrax	BRX	西班牙	作物	2003-07-11—14	39°03′25″ N	2°06′15″ W	0.19
Haouz	HZ	摩洛哥	作物	2003-03-10—14	31°39′33″ N	7°36′01″ W	0.176
Sud-Ouest	SWO	法国	作物	2002-07-07—08	43°30′23″ N	1°14′15″ E	0.167
ZhangBei	ZB	中国	牧草	2002-08-08—10	41°16′44″ N	114°41′16″ E	0.132
Hirsikangas	HKG	芬兰	森林	2005-05-24—22	62°38′38″ N	27°00′41″ E	0.113
Concepcion	CCN	智利	混合林	2003-01-07—10	37°28′02″ S	73°28′13″ W	0.103
Jarvselja	JSJ	爱沙尼亚	北方针叶林	2007-04-19—25	58°17′58″ N	27°15′37″ E	0.089
Camerons	CMR	澳大利亚	常绿阔叶林	2004-03-02—04	32°37′00″ S	116°16′32″ E	0.07

2.2 遥感数据的获取与处理

2.2.1 遥感影像数据介绍

VALERI 数据库提供 10 个样区 152 行 ×152 列的 SPOT-1/SPOT-2/SPOT-4 高分辨率影像，区域面积约为 9 km^2。考虑到尺度转换研究需要在一个较大的空间范围来进行，因此针对部分涉及尺度转换研究的样区分别下载 Landsat 7 和 Landsat 8 影像，并以原始样区为中心，将影像裁剪成 2 000 行 ×2 000 列的数据。有关本研究所使用的 SPOT 和 Landsat 影像数据的具体情况如下。

2.2.1.1 SPOT 影像

SPOT（Systeme Probatoire d' Observation de la Terre）系列卫星是法国空间研究中心（National Centre for Space Studies，CNES）研制的一种地球观测卫星系统，至今为止共发射 7 颗 SPOT 卫星。SPOT-1 与 SPOT-2 上均搭载 2 台 HRV（High Resolution Visible）传感器，可以采集 3 个多光谱波段和 1 个全色波段的数据，多光谱波段数据的空间分辨率为 20 m，全色波段数据的空间分辨率为 10 m。SPOT-4 上搭载的是 2 台 HRVIR（High Resolution Visible Infra-Red）传感器，可以采集 4 个多光谱波段和 1 个单色波段的数据，多光谱波段数据的空间分辨率为 20 m，单色波段数据的空间分辨率为 10 m。由于 VALERI 样区多为平坦地区，因此，VALERI 样区未选择 SPOT 经过数字高程模型处理，消除因地形起伏而导致的投影误差的 3 级产品，大部分样区使用的是经过几何校正后的 SPOT 2B 级产品，虽然有些样区订购部分未经几何校正的 SPOT 1A 级产品，但随后样区负责人对其进行相应的几何校正。考虑到绝大部分地区，SPOT 红光和近红外波段的大气影响比较小（BARET et al.，2000），因此，大部分样区数据所配套的 SPOT 影像未经过大气校正，为大气层顶表观反射率产品。

2.2.1.2 Landsat 影像

LDCM（Landsat Data Continuity Mission）计划是美国国家航空航天局（National Aeronautics and Space Administration，NASA）陆地卫星系列的第 8 个计划，此前已有 Landsat 1～7 卫星发射，1972 年发射第 1 颗卫星 Landsat 1，

目前已发射 Landsat 8 卫星，是由 NASA 和美国地质调查局（United States Geological Survey，USGS）联合运行的计划，旨在长期对地表进行观测，该计划主要对资源、水、森林、环境和城市规划等提供可靠数据。

为开展推广验证，本研究搜集对应样区的 Landsat 7 和 Landsat 8 影像数据，该数据集已进行辐射校正、几何校正、大气纠正等预处理，可以直接下载地表反射率产品（Landsat 系列传感器地表反射率产品下载地址：http: // earthexplorer.usgs.gov/），裁切特定尺寸的研究区域，为尺度转换模型精度的验证提供基础数据支撑。

Landsat 7 卫星于 1999 年 4 月 15 日发射，装备有增强型专题制图仪 ETM+（Enhanced Thematic Mapper Plus）传感器。Landsat 8 卫星于 2013 年 2 月 11 日发射，装备 OLI（Operational Land Imager）陆地成像仪和 TIRS（Thermal Infrared Sensor）热红外传感器 2 种传感器。本研究主要使用 Landsat 7 和 Landsat 8 传感器获取的红光波段和近红外波段遥感数据，其空间分辨率为 30 m。美国地质调查局（USGS）通过 EarthExplorer 响应用户需求，能够提供 Landsat 7 ETM+ 与 Landsat 8 OLI 2 级数据产品，即将卫星影像进行大气校正后生成地表反射率产品（30 m 分辨率）。结合本研究中第 4 章的无同步先验小尺度数据支持情况下的尺度转换精度验证研需求，分别申请下载 Landsat 8 OLI 影像 ZhangBei（ZB）样区（2017 年 7 月 17 日和 8 月 25 日）、Haouz（HZ）样区（2014 年 3 月 5 日和 4 月 6 日）以及 Fundulea（FD）样区（2015 年 4 月 13 日和 5 月 15 日）的 6 景无云影像；结合本书中第 5 章的研究需求，依据 ZB、HZ、FD 3 个样区地面采样时间，又分别申请 ZB 样区（2002 年 8 月 17 日），HZ 样区（2003 年 3 月 15 日）以及 FD 样区（2001 年 4 月 30 日）3 景 Landsat 7 影像分别用于各自样区，结合地面实测点 LAI 数据构建 LAI-NDVI 反演函数，此外，为开展基于计算几何的尺度转换模型的权重系数的综合验证，还下载 ZB 样区 2002 年 5 月 29 日，HZ 样区 2003 年 2 月 11 日以及 FD 样区 2001 年 3 月 13 日和 2001 年 8 月 4 日的 4 景 Landsat 7 影像，由于 FD 样区用于建模的 2001 年 4 月 30 日的影像大范围内云污染严重，因此该样区又额外多下载 1 景影像用于替代原影像。

2.2.2 遥感影像预处理

第 3 章“叶面积指数空间尺度效应分析”中涉及 10 个样区的 SPOT 影像

的裁切，用于空间异质性的定量分析。主要是对 SPOT 影像进行波段计算，生成样区对应的 NDVI 影像图。为使各个样区之间的比较更加均衡，将原始 SPOT 影像分别进行裁切，统一为 128 行 ×128 列的影像，按照像元聚合的规则，一共可以聚合到 7 个不同的尺度，便于更加全面地开展尺度效应与空间异质性的协同变化规律分析。

第 4 章“基于小波变换的尺度转换方法”中涉及的遥感影像的裁切和配准。首先，为与二进制离散小波变换的分解层级一一对应且保证聚合后的影像数据量，将 4 个样区原始 SPOT 影像分别进行裁切，统一为 144 行 ×144 列的尺寸；其次，Landsat 8 影像用于无同步先验小尺度数据支持的尺度转换部分，为保证跟 SPOT 影像在同一研究区域范围，不但进行空间范围的配准，还进一步裁切成 96 行 ×96 列的影像。

第 5 章“基于计算几何的尺度转换方法”中涉及的遥感影像的裁切和配准。首先，将 Landsat 7 影像裁切成 2 000 行 ×2 000 列的影像。由于不同传感器获取的遥感影像具有不同的空间分辨率和投影信息，VALERI 数据库提供的地面测量数据对应的地理坐标与匹配的 SPOT 影像具有相同的投影，要使用 Landsat 7 影像结合地面实测数据进行 LAI-NDVI 模型建模，就需要首先将 Landsat 7 影像投影转换成与所选样区一致的投影。在第 5 章中的研究中，选取 ZB、HZ 和 FD 3 个样区作为研究区域，其中 ZB 的投影为 UTM 投影，使用 WGS-84 地心坐标系，几何定位精度很高，无须进行预处理。而 HZ 样区为 Lambert Nord Maroc 投影，FD 样区为 GK Zone 5 投影，2 个样区对应的 Landsat 7 影像采用的是 UTM 投影，投影的中央经线为东经 111°。两者的投影坐标系不同，因此，需要将这 2 个样区的 Landsat 7 影像进行投影变换，这个操作在 MATLAB 中通过编程实现，由于投影变换后的影像和数据库中配套的 SPOT 影像仍有细微的偏差，因此又选择对该影像进行人工配准，以数据库中的 SPOT 影像作为基准影像，虽然 2 种传感器的影像空间分辨率不一致，但仍可以在 Landsat 7 影像上找到可精确对应 SPOT 影像的特征点，共选取多个特征显著且均匀分布的地面控制点（Ground Control Point，GCP），完成对影像配准，通过 ENVI 软件的地理链接功能（Geographic Link）对经过几何校正的 Landsat 7 影像与 SPOT 影像进行几何位置对应，发现 2 幅影像相同的特征点地理坐标吻合得很好。

2.3 地面测量数据情况介绍

本研究所使用的叶面积指数地面观测数据同样源自 VALERI 数据库中的 10 个样区。在 VALERI 项目中地面 LAI 测量主要使用 LAI 2000 和半球摄影方法（Digital Hemispherical Photography，DHP），由于 LAI 2000 假设叶片随机分布，而 DHP 在测量中能提供聚集效应的信息，因此，在该项目中 DHP 随后逐渐取代 LAI 2000 成为 LAI 测量的主要仪器（曾也鲁 等，2012）。

VALERI 项目中的样区一般大小为 3 km×3 km。基本采样单元（Elementary Sampling Unit，ESU）通常是按照地面植被分布特征来布设的，以试验区域的植被分类图作为先验知识来设计采用方案，采取的是分层采样法，将研究区域划分成一系列规则或不规则行政的子区域，然后在子区域中随机选择一系列点。将测量区域均匀划分为若干个 1 km×1 km 的地块，每个地块内预计设置 3～5 个 ESU，同时保证 ESU 在测量区域内的不同植被覆盖类型中都分布相应的数目。图 2.2 中显示项目中 3 类不同的采样模式：一是正方形模式，适用于阔叶林、针叶林地区；二是十字交叉形模式，适用于冠层较低的草地、农作物、灌木地区；三是斜切形模式，适用于植被稀疏不连续的区域，需要使用地面激光扫描（Terrestrial Laser Scanning，TRAC）仪器或者破坏性测量法（BARET et al.，2000）。

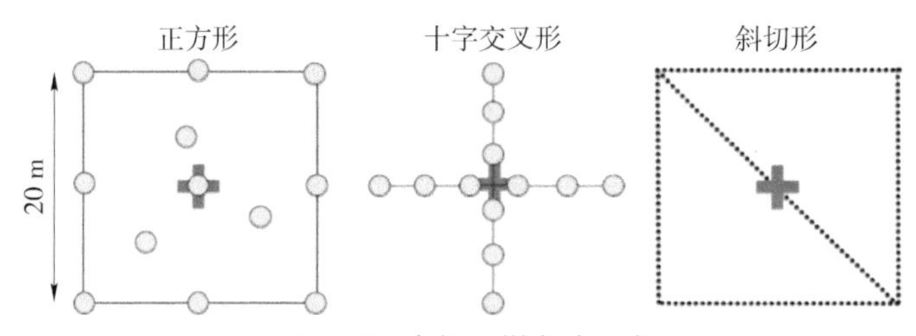

图 2.2 ESU 内部采样方法示意图

如图 2.2 所示，3 个空间采样方案用于各个 ESU，黄色的圆点代表采样点，每个 ESU 中心的粗体绿色十字代表 GPS 测量的位置，斜切形模式中的虚线表示以规则间隔进行测量。如图 2.3 所示，以 ZB 样区为例，测量区域大小为 3 km×3 km，将测量区域均匀划分为 9 个 1 km×1 km 的地块，根据高分辨率 SPOT 影像的分辨率将每个 ESU 的尺寸设置为与遥感影像像元尺寸一致的

20 m×20 m 的区域，整个区域共布设 47 个 ESU，每个 ESU 内部进行 12 次的单点测量，按照图 2.2 中的十字交叉形模式，然后将 12 次单点测量的平均值作为每个 ESU 的 LAI 地面测量代表性真值。

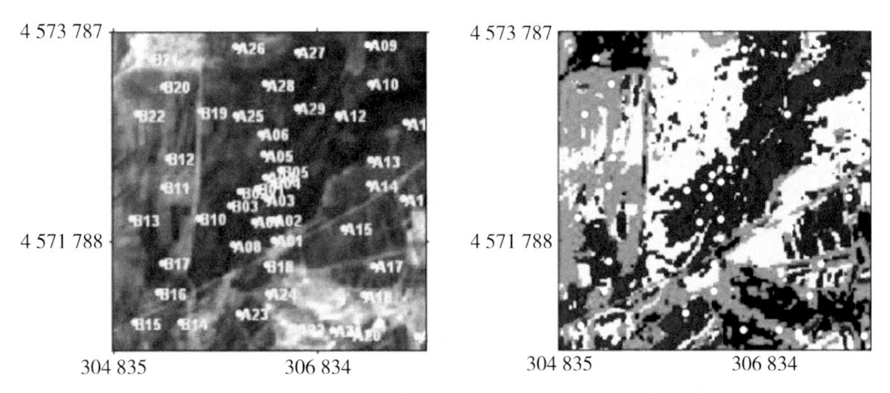

图 2.3　ZB 样区 ESU 在 SPOT 影像及分类图上的分布

2.4 叶面积指数反演函数

植物反射波谱特性规律明显，由于绿色植物中的叶绿素影响，不同波段的光谱反应截然不同，在可见光中的红光波段，由于对红光的强吸收作用使其具有较低的反射率，而对近红外波段具有较高的反射率，2 个波段形成明显的反差，并且这种反差随植被的叶冠结构、覆盖度的变化而显著变化。因此，通过将这红光和近红外波段组合成各种植被指数可以增强或表达隐含的植被信息。植被指数是遥感监测地面植物生长和分布的一种方法，它充分反映绿色植物在可见光和近红外波段特有的光谱特征，是作物生长状态的遥感指标（ROUSE et al.，1974）。此外，它还可以较好地抑制大气路径和观测方向上的影响，提高对土壤背景的鉴别能力，同时削弱大气层和地形阴影的影响。

其中最常用的植被指数是归一化植被指数（NDVI），表达式如下（ROUSE et al.，1974）：

$$\mathrm{NDVI}=\frac{\rho_{\mathrm{nir}}-\rho_{\mathrm{red}}}{\rho_{\mathrm{nir}}+\rho_{\mathrm{red}}} \tag{2.1}$$

式中，ρ_{nir} 和 ρ_{red} 分别代表遥感影像中近红外和红光波段的反射率。NDVI

能够全面反映植被状况的特性，多年来已被广泛地应用于农作物的长势监测和单产预测中。

由于本书的研究重点是 LAI 的尺度效应和尺度转换，由于 NDVI 对植被覆盖敏感，有利于讨论分析不同尺度下 LAI 反演的尺度效应问题，并且 LAI-NDVI 反演函数形式简单，本研究最终选择简单灵活的传统经验模型法来建立 LAI 反演函数。在后续章节中，均假设小尺度即分辨率为 20 m（SPOT 影像）或者 30 m（Landsat 影像）时，每个像元内部都是同质的，采用回归分析的方法在像元尺度上分析样区中 NDVI 与地面测量 LAI 数据的关系，找出合理的函数关系式，为每个样区建立叶面积指数估算模型。

由于指数模型具有比其他类型模型更高的拟合精度，因此，在本研究中选择指数经验模型来代表 NDVI 和 LAI 之间关系（FAN et al.，2009；VAN WIJK and WILLIAMS，2005）：

$$f(x) = a \times e^{b \times \mathrm{NDVI}} \tag{2.2}$$

式中，a 和 b 分别是反演函数的系数，取决于所选区域的特点。为定量描述回归拟合的效果，选择用决定系数 R^2 来评价拟合精度，$R^2 \in [0, 1]$。当 R^2 越接近 1 表明所拟合的回归方程越优。因为这个反演函数只用于研究分析由反演函数的非线性和空间异质性造成的叶面积指数的尺度误差，所以在此就不深入讨论反演函数的准确性和适用性。需要注意的是，不同的反演函数会造成不同程度的尺度效应，但仍旧可以用本研究提出的方法来分析其尺度效应并进行相应的尺度转换研究。

2.5 本章小结

本章主要介绍研究区的基本地理概况、指出地表覆盖分类对叶面积指数尺度效应研究的意义，清晰地解释本研究各部分数据选择的必要性，简要地介绍遥感影像数据的获取及其预处理过程、叶面积指数的反演函数。通过本章的数据准备工作，为后续叶面积指数空间尺度效应分析、基于小波变换的尺度转换模型以及基于计算几何的尺度转换模型的建立与验证提供完备的数据保障。

3

叶面积指数空间尺度效应分析

叶面积指数产品是水文、生态、生物地球化学和气候模型所需的关键参数，然而尺度效应的存在严重影响不同尺度叶面积指数产品的准确估算，无法满足实际应用中对不同尺度高精度叶面积指数产品的需求。空间尺度效应的研究是解决尺度问题的重要研究基础，掌握尺度效应的产生机理以及明确各部分尺度效应的耦合机制是提升尺度转换精度的重要前提。本章首先详细阐述 2 种不同空间尺度聚合过程，明确解释尺度误差的来源，依托泰勒级数展开法分析单双变量模型空间尺度效应的构成差异，通过 10 个不同地表覆盖类型的样区开展空间尺度效应的定量化研究，进而剖析单双变量模型空间尺度效应与空间异质性的协同变化规律，为后续尺度转换的研究奠定扎实的理论基础。

3.1 叶面积指数空间聚合过程及尺度效应产生原因

导致遥感反演参数空间尺度效应产生的主要原因是由于对遥感观测数据的获取采用不同的途径。为全面阐述尺度效应产生的原因，本研究以 LAI 和反射率建立的经验反演函数为例，来展示遥感反演的空间尺度效应产生过程，如图 3.1 所示。显而易见，大尺度遥感产品的获取存在着 2 条截然不同的反演途径，一种为利用小尺度遥感产品的空间聚合，即途径 A；另一种为利用大尺度遥感产品的直接反演，即途径 B。

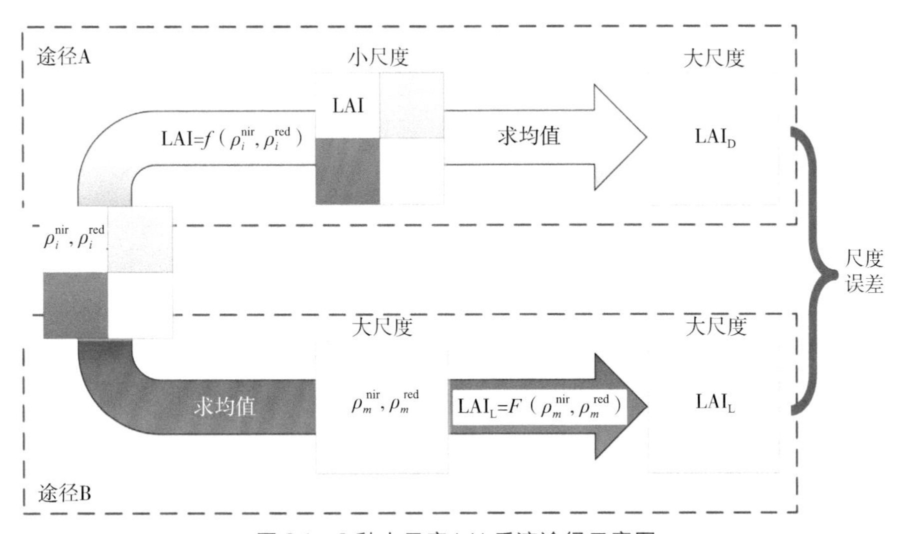

图 3.1　2 种大尺度 LAI 反演途径示意图

途径 A 对应于存在小尺度数据（高空间分辨率）的情况，即大尺度的叶面积指数 $\mathrm{LAI_D}$ 是小尺度叶面积指数的综合平均结果。途径 A 用数学公式可以抽象表示为：将小尺度上的观测值 ρ_i^{nir}，ρ_i^{red} 输入 LAI 反演函数 f，将得到的 LAI 反演值再聚合到大尺度上平均后得到分布式 LAI，具体表达式如下：

$$\mathrm{LAI_D}=\frac{1}{N}\sum_{i=1}^{N}\mathrm{LAI}_i=\frac{1}{N}\sum_{i=1}^{N}f\left(\rho_i^{\mathrm{nir}},\ \rho_i^{\mathrm{red}}\right) \tag{3.1}$$

式中，N 为大尺度像元所对应的小尺度像元总数。途径 A 中，由于小尺度像元被假定为纯像元，不存在尺度效应，在小尺度上获得的 LAI 值被认为是真实的 LAI 值，因此 $\mathrm{LAI_D}$ 也被视为大尺度像元上的 LAI 反演真值。

途径 B 对应于仅存在大尺度数据（低空间分辨率）的情况，即大尺度的叶面积指数 $\mathrm{LAI_L}$ 为大尺度遥感数据直接反演的结果。途径 B 用数学公式可以抽象表示为：将大尺度直接观测值 ρ_m^{nir}，ρ_m^{red} 作为输入参数代入 LAI 反演函数 F 后得到的反演结果，具体表达式如下：

$$\mathrm{LAI_L}=F\left(\rho_m^{\mathrm{nir}},\ \rho_m^{\mathrm{red}}\right) \tag{3.2}$$

由于小尺度遥感反演函数都是通过分析特定波长处传感器测量值同实际地表特征参数之间的关系而建立起来的，因此这些模型通常都只适合于像元尺度很小，地表下垫面可以近似认为是均一的情况（吴骅，2010）。相应的大尺度遥感反演函数较为复杂，不易获取，通常只能通过对物理过程的抽象进行尺度上的扩展，因此在这种情况下，只能假设 $F=f$，即将小尺度的叶面积指数反演函数直接用于大尺度的反演。如果小尺度遥感反演函数获取的叶面积指数不存在误差，那么小尺度先反演再聚合的叶面积指数从理论上被认为是叶面积指数在大尺度的真值，相应的输入大尺度观测值进行反演所得到的估算值 $\mathrm{LAI_L}$ 与大尺度的真实值 $\mathrm{LAI_D}$ 之间存在的差异，即为尺度效应。可表示为下式：

$$\mathrm{bias}=\mathrm{LAI_D}-\mathrm{LAI_L} \tag{3.3}$$

假设地面平坦时，根据不同尺度下能量守恒或者物质守恒定律，在不同尺度的遥感辐亮度值或者反射率不存在尺度效应（WU and LI，2009；LIANG，2004），即大尺度的观测值可以表示为小尺度观测值的简单空间聚合平均，满足下式：

$$\begin{cases}\rho_m^{\mathrm{nir}}=\dfrac{1}{N}\displaystyle\sum_{i=1}^{N}\rho_i^{\mathrm{nir}}\\[2ex]\rho_m^{\mathrm{red}}=\dfrac{1}{N}\displaystyle\sum_{i=1}^{N}\rho_i^{\mathrm{red}}\end{cases} \tag{3.4}$$

因此尺度效应式（3.3）可以进一步表示为：

$$\text{bias}=\frac{1}{N}\sum_{i=1}^{N}f\left(\rho_i^{\text{nir}},\ \rho_i^{\text{red}}\right)-f\left(\frac{1}{N}\sum_{i=1}^{N}\rho_i^{\text{nir}},\frac{1}{N}\sum_{i=1}^{N}\rho_i^{\text{red}}\right) \tag{3.5}$$

图 3.2 以混合像元为例，更直观地展示出大尺度上由于空间异质性以及反演函数非线性所导致的 LAI 尺度效应。

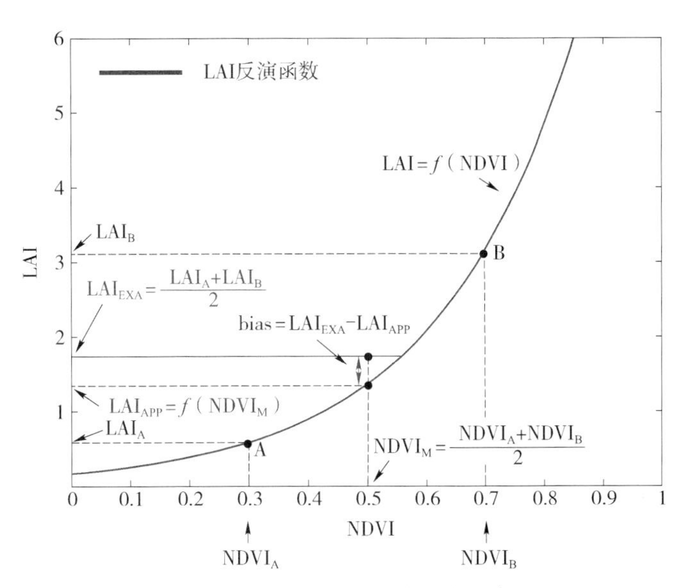

图 3.2　混合像元 LAI 尺度效应示意图

图 3.2 假定混合像元由组分 A 和组分 B 组成，LAI = *f*（NDVI）为图中的非线性函数。$NDVI_A$ 和 $NDVI_B$ 分别为组分 A（0.5）和组分 B（0.5）对应的 NDVI 值，而 LAI_A 和 LAI_B 分别为 A 和 B 对应的 LAI 反演值。$NDVI_M$ 是混合像元在大尺度上的 NDVI 值，定义为 $NDVI_A$ 和 $NDVI_B$ 的平均值，组分为 0.5。LAI_{EXA} 为大尺度像元的 LAI 真实值，通过图 3.1 中的途径 A 获得，LAI_{APP} 为大尺度像元的 LAI 估算值，通过图 3.1 中的途径 B 获得，两者之间的差值即为该混合像元的尺度效应。

3.2 叶面积指数空间尺度效应的数学表达

3.2.1 单变量函数尺度效应

如果忽略 NDVI 自身的尺度效应，那么单变量的叶面积指数反演函数可以表示为：

$$\mathrm{LAI}=f\left(\mathrm{NDVI}\right) \tag{3.6}$$

假设反演函数至少 2 阶连续可导，那么利用泰勒级数展开式对函数 LAI=f（NDVI）在 NDVI=NDVI_m 处进行多项式展开，其中，$\mathrm{NDVI}_m\in[\mathrm{NDVI}_{\min},\mathrm{NDVI}_{\max}]$，而 $\mathrm{NDVI}_{\max}$ 和 $\mathrm{NDVI}_{\min}$ 分别代表小尺度像元中 NDVI 的最大值和最小值。结合中值定理可以得到：

$$\begin{aligned}\mathrm{LAI}_{\mathrm{D}}=&\frac{1}{N}\sum_{i=1}^{N}\left[f\left(\mathrm{NDVI}_m\right)+f'\left(\mathrm{NDVI}_m\right)\left(\mathrm{NDVI}_i-\mathrm{NDVI}_m\right)\right]+\\&\frac{1}{2N}\sum_{i=1}^{N}\left[f''\left(\mathrm{NDVI}_m\right)\left(\mathrm{NDVI}_i-\mathrm{NDVI}_m\right)^2\right]+R\end{aligned} \tag{3.7}$$

式中，R 代表 3 阶及 3 阶以上的高阶项，在此忽略不计。因此，尺度效应可以近似表达为下式：

$$\begin{aligned}\mathrm{bias}_u\approx&\frac{1}{N}\sum_{i=1}^{N}\left[f\left(\mathrm{NDVI}_m\right)+f'\left(\mathrm{NDVI}_m\right)\left(\mathrm{NDVI}_i-\mathrm{NDVI}_m\right)\right]+\\&\frac{1}{2N}\sum_{i=1}^{N}\left[f''\left(\mathrm{NDVI}_m\right)\left(\mathrm{NDVI}_i-\mathrm{NDVI}_m\right)^2\right]-f\left(\mathrm{NDVI}_m\right)\end{aligned} \tag{3.8}$$

式中，bias_u 代表单变量函数的尺度误差；令 $\sigma_{\mathrm{NDVI}}^2=\frac{1}{N}\sum_{i=1}^{N}\left(\mathrm{NDVI}_i-\mathrm{NDVI}_m\right)^2$，为 N 个小尺度像元对应的大尺度像元内的方差，最后尺度效应可以简化表达为：

$$\mathrm{bias}_u=\frac{1}{2}\sigma_{\mathrm{NDVI}}^2\times f''\left(\mathrm{NDVI}_m\right) \tag{3.9}$$

从式（3.9）可以看出，σ_{NDVI}^2 为大尺度像元内的方差，如果该区域地表均一，则 $\sigma_{\mathrm{NDVI}}^2=0$，这种情况下 $\mathrm{bias}_u=0$，即 $\mathrm{LAI}_{\mathrm{D}}=\mathrm{LAI}_{\mathrm{L}}$，不存在尺度效应；$f''$（$\mathrm{NDVI}_m$）为模型的 2 阶导数，代表模型的非线性程度，当模型为线性模型时，f''（NDVI_m）=0，这种情况下 $\mathrm{bias}_u=0$，即不存在尺度效应。以上结果表明只有当地表为同质的或者反演函数为线性模型时，LAI 是尺度不变，即不存在尺度效应的。然而这种情况极少发生，因为绝大部分地表是异质的，模型是非线性的（WU and LI，2009；CHEN，1999；HU and ISLAM，1997b；RAFFY，1992）。通过泰勒级数展开法能够在一定程度上反映出尺度效应产生的内在机理（马灵玲，2008）。显而易见，上述分析基于反演函数连续可导的假设，但实际应用中由于反演函数的差异，导致尺度效应远比这个复杂。随后有研究指出不能武断地认为线性的遥感反演函数不产生尺度效应，而非线性反演函数一定会产生尺度效应（WU and LI，2009）。

3.2.2 双变量函数尺度效应

由于 NDVI 是红光反射率和近红外反射率的函数，因此，如果直接从反射率中反演叶面积指数，那么上述单变量反演函数可以转换为：

$$\mathrm{LAI}=f(\mathrm{NDVI})=g(\rho_{\mathrm{nir}},\ \rho_{\mathrm{red}}) \tag{3.10}$$

式中，ρ_{nir} 和 ρ_{red} 分别代表小尺度近红外波段与红光波段反射率。

由于双变量模型中包含红光反射率和近红外反射率到 NDVI 的非线性关系，因此，叶面积指数的尺度效应的构成更加复杂。不同上推聚合途径得到的叶面积指数尺度效应为：

$$\mathrm{bias}_b=\frac{1}{N}\sum_{i=1}^{N}g(\rho_i^{\mathrm{nir}},\ \rho_i^{\mathrm{red}})-g\left(\frac{1}{N}\sum_{i=1}^{N}\rho_i^{\mathrm{nir}},\frac{1}{N}\sum_{i=1}^{N}\rho_i^{\mathrm{red}}\right) \tag{3.11}$$

式中，ρ_i^{nir}，ρ_i^{red} 分别代表小尺度第 i 个像元对应的近红外波段与红光波段反射率。假设以红光波段反射率以及近红外波段反射率为自变量的双变量模型 LAI=g（ρ_{nir}，ρ_{red}）连续可导，那么在$(\overline{\rho_{\mathrm{nir}}},\ \overline{\rho_{\mathrm{red}}})$处可通过泰勒级数展开为：

$$\begin{aligned}g(\rho_{\mathrm{nir}},\ \rho_{\mathrm{red}})=&\ g(\overline{\rho_{\mathrm{nir}}},\ \overline{\rho_{\mathrm{red}}})+g_n'(\overline{\rho_{\mathrm{nir}}},\ \overline{\rho_{\mathrm{red}}})(\rho_{\mathrm{nir}}-\overline{\rho_{\mathrm{nir}}})+g_r'(\overline{\rho_{\mathrm{nir}}},\ \overline{\rho_{\mathrm{red}}})(\rho_{\mathrm{red}}-\overline{\rho_{\mathrm{red}}})+\\&\frac{1}{2}\left[g_n''(\overline{\rho_{\mathrm{nir}}},\ \overline{\rho_{\mathrm{red}}})(\rho_{\mathrm{nir}}-\overline{\rho_{\mathrm{nir}}})^2+g_{nr}''(\overline{\rho_{\mathrm{nir}}},\ \overline{\rho_{\mathrm{red}}})(\rho_{\mathrm{nir}}-\overline{\rho_{\mathrm{nir}}})(\rho_{\mathrm{red}}-\overline{\rho_{\mathrm{red}}})\right]+\\&\frac{1}{2}\left[g_r''(\overline{\rho_{\mathrm{nir}}},\ \overline{\rho_{\mathrm{red}}})(\rho_{\mathrm{red}}-\overline{\rho_{\mathrm{red}}})^2+g_{rn}''(\overline{\rho_{\mathrm{nir}}},\ \overline{\rho_{\mathrm{red}}})(\rho_{\mathrm{nir}}-\overline{\rho_{\mathrm{nir}}})(\rho_{\mathrm{red}}-\overline{\rho_{\mathrm{red}}})\right]+R\end{aligned} \tag{3.12}$$

式中，$\overline{\rho_{\mathrm{nir}}}$和$\overline{\rho_{\mathrm{red}}}$分别代表 N 个小尺度像元所对应的大尺度像元中红光波段和近红外波段的反射率的平均值；将式（3.12）代入式（3.11），忽略 3 阶及 3 阶以上的高阶项，可得：

$$\begin{aligned}\mathrm{bias}_b\approx&\frac{1}{N}\sum_{i=1}^{N}\left[g(\overline{\rho_{\mathrm{nir}}},\ \overline{\rho_{\mathrm{red}}})+g_n'(\overline{\rho_{\mathrm{nir}}},\ \overline{\rho_{\mathrm{red}}})(\rho_i^{\mathrm{nir}}-\overline{\rho_{\mathrm{nir}}})+g_r'(\overline{\rho_{\mathrm{nir}}},\ \overline{\rho_{\mathrm{red}}})(\rho_i^{\mathrm{red}}-\overline{\rho_{\mathrm{red}}})\right]+\\&\frac{1}{2N}\sum_{i=1}^{N}\left[g_n''(\overline{\rho_{\mathrm{nir}}},\ \overline{\rho_{\mathrm{red}}})(\rho_i^{\mathrm{nir}}-\overline{\rho_{\mathrm{nir}}})^2+g_r''(\overline{\rho_{\mathrm{nir}}},\ \overline{\rho_{\mathrm{red}}})(\rho_i^{\mathrm{red}}-\overline{\rho_{\mathrm{red}}})^2\right]+\\&\frac{1}{N}\sum_{i=1}^{N}\left[g_{nr}''(\overline{\rho_{\mathrm{nir}}},\ \overline{\rho_{\mathrm{red}}})(\rho_i^{\mathrm{nir}}-\overline{\rho_{\mathrm{nir}}})(\rho_i^{\mathrm{red}}-\overline{\rho_{\mathrm{red}}})-g(\overline{\rho_{\mathrm{nir}}},\ \overline{\rho_{\mathrm{red}}})\right]\end{aligned} \tag{3.13}$$

令$\Delta\rho_{\text{nir}}=\frac{1}{N}\sum_{i=1}^{N}\rho_i^{\text{nir}}-\overline{\rho_{\text{nir}}}$，$\Delta\rho_{\text{red}}=\frac{1}{N}\sum_{i=1}^{N}\rho_i^{\text{red}}-\overline{\rho_{\text{red}}}$，$\sigma_{\text{nir}}^2$和$\sigma_{\text{red}}^2$分别代表单个大尺度像元所对应范围内的小尺度像元的方差，cov_{nr}代表2个输入参数即红光波段的反射率与近红外波段的反射率之间的协方差。

可以将式（3.13）简化如下：

$$\begin{aligned}\text{bias}_b \approx\ & g_n{}'\times\Delta\rho_{\text{nir}}+g_r{}'\times\Delta\rho_{\text{red}}+\\ & \frac{1}{2}\left[g_n{}''\left(\sigma_{\text{nir}}^2+\Delta\rho_{\text{nir}}{}^2\right)+g_r{}''\left(\sigma_{\text{red}}^2+\Delta\rho_{\text{red}}{}^2\right)\right]+\\ & g_{nr}{}''\left(\text{cov}_{nr}+\Delta\rho_{\text{nir}}\Delta\rho_{\text{red}}\right)\end{aligned} \tag{3.14}$$

当按照式（3.5）使用大尺度模拟数据时，有$\Delta\rho_{\text{nir}}=0$，$\Delta\rho_{\text{red}}=0$，误差表达式可变形如下：

$$\text{bias}_b=\frac{1}{2}\left(g_n{}''\sigma_{\text{nir}}^2+g_r{}''\sigma_{\text{red}}^2\right)+g_{nr}{}''\text{cov}_{nr} \tag{3.15}$$

令$V_1=g_n{}''\sigma_{\text{nir}}^2+g_r{}''\sigma_{\text{red}}^2$，$V_2=g_{nr}{}''\text{cov}_{nr}$，当$V_1=0$且$V_2=0$时，尺度误差为0。从近似表达式式（3.15）可以看出，双变量模型的尺度效应相比单变量函数复杂许多，不仅与模型的非线性有关，还和每个输入变量的异质性以及2个输入变量之间的相关性有关。

在下垫面为连续植被的情况下，针对双变量反演函数泰勒级数展开得到的式（3.15）因此同样可以得出以下结论，即当下垫面地表均一时或反演函数为线性模型时，可以认为尺度变化所带来的尺度效应近似为0。但与单变量反演函数不同在于尺度效应的构成部分增加输入变量之间的协方差，各部分之间对于尺度效应的贡献率难以估算，仍需对其中各个部分代表的物理意义以及相互耦合作用进行深入准确地剖析。以此类推，当泰勒级数展开式应用于拥有3个以上输入变量的复杂反演函数时，尺度效应的构成将更加复杂。

3.3 单双变量反演函数系数的率定

在前述章节中通过泰勒级数展开式得到单变量和双变量反演函数尺度效应的定量化表达式，为进一步掌握遥感尺度转换中的尺度效应的变化规律，揭示空间异质性和反演函数非线性对尺度转换的影响，本节将继续通过试验数据模拟尺度效应，并对其在不同类型下垫面以及不同聚合尺度的分异性进行全面分析。

由于小尺度遥感反演函数都是通过点尺度测量值同对应地理位置的实际地表特征参数之间的关系而建立起来的，因此，这些模型通常都只适合于小尺度像元，像元内地表下垫面可以近似当作同质的情况。而相应的大尺度的遥感反演函数相对较为复杂，不易获取，通常只能通过对物理过程的抽象进行尺度上的扩展。由于大尺度遥感反演函数建立难度较大，因此，在本研究中仅探讨采用小尺度上建立的遥感反演函数近似替代大尺度的反演函数时，大尺度 LAI 反演所产生的尺度效应。

这部分工作的试验数据是来自 VALERI 数据库提取的 10 个样区数据（表 2.1）。为研究尺度规律的便利，研究采用经验的统计回归关系作为叶面积指数的反演函数，单变量和双变量指数模型表达式可表示为：

$$\mathrm{LAI}_u = c_1 \times e^{c_2 \times \mathrm{NDVI}} \tag{3.16}$$

$$\mathrm{LAI}_b = c_1 \times e^{c_2 \times \frac{\rho_{\mathrm{nir}} - \rho_{\mathrm{red}}}{\rho_{\mathrm{nir}} + \rho_{\mathrm{red}}}} \tag{3.17}$$

考虑到经验的统计关系与下垫面的地物类型等都有密切关系，为更加真实地反映不同样区植被指数与叶面积指数之间的关系，需要针对不同样区重新率定反演函数的模型系数。根据每个样区基本采样单元 ESU 地面实际调查获取的叶面积指数以及从对应 SPOT 影像上获取的 NDVI 值，根据单双变量模型［式（3.16）和式（3.17）］，采用最小二乘法的方式即可确定模型系数 c_1 和 c_2。FD、HZ、ZB、Alpilles（ALP）、Barrax（BRX）、Sud-Ouest（SWO）、Hirsikangas（HKG）、Concepcion（CCN）、Jarvselja（JSJ）以及 Camerons（CMR）10 个样区的地面采样点的空间分布以及对应的 LAI-NDVI 反演函数的具体情况如图 3.3 所示。

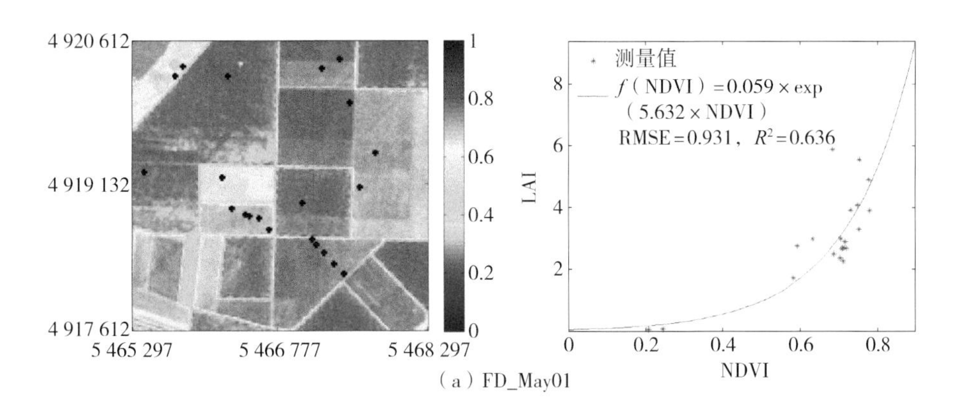

（a）FD_May01

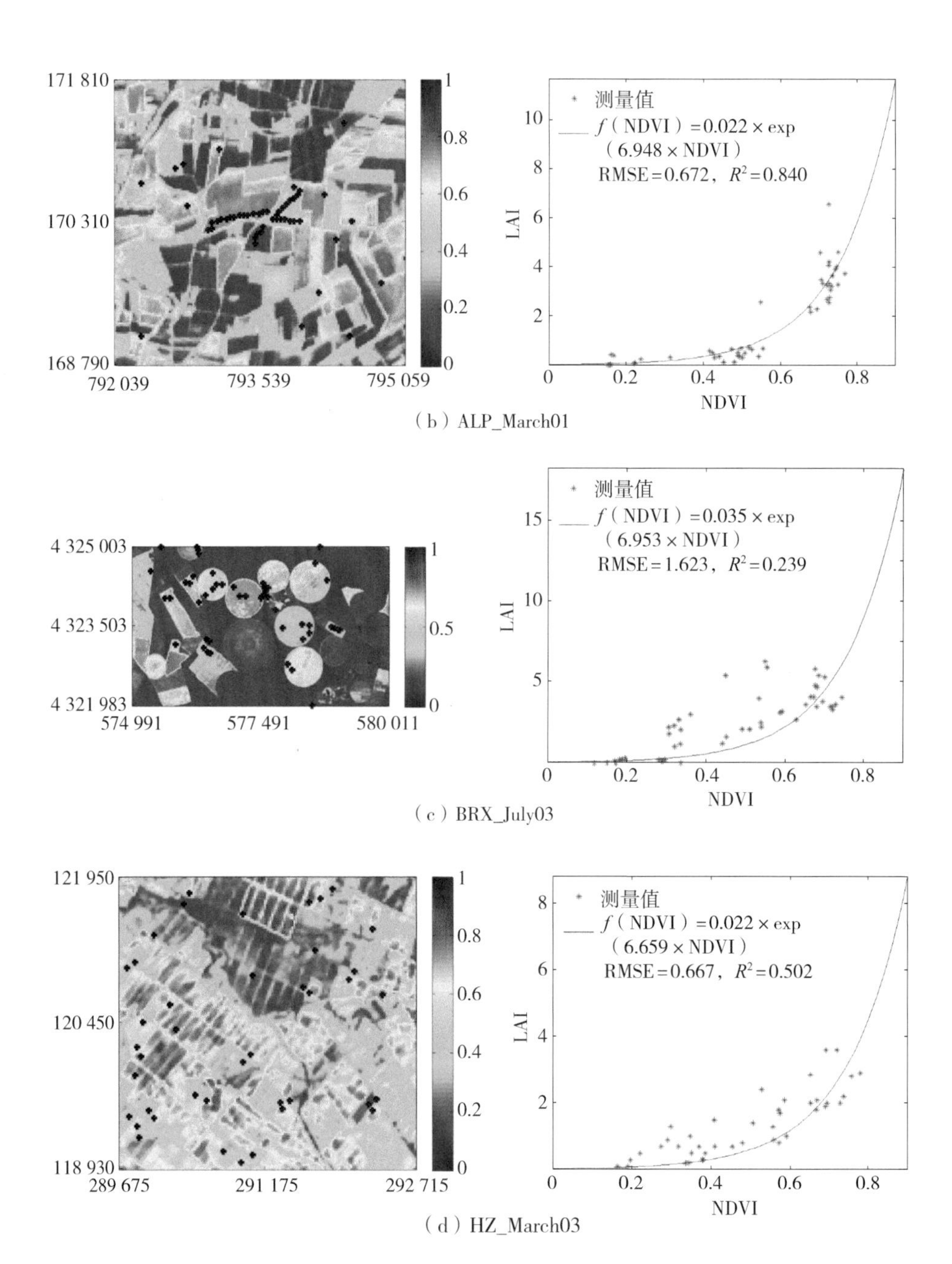

（b）ALP_March01

（c）BRX_July03

（d）HZ_March03

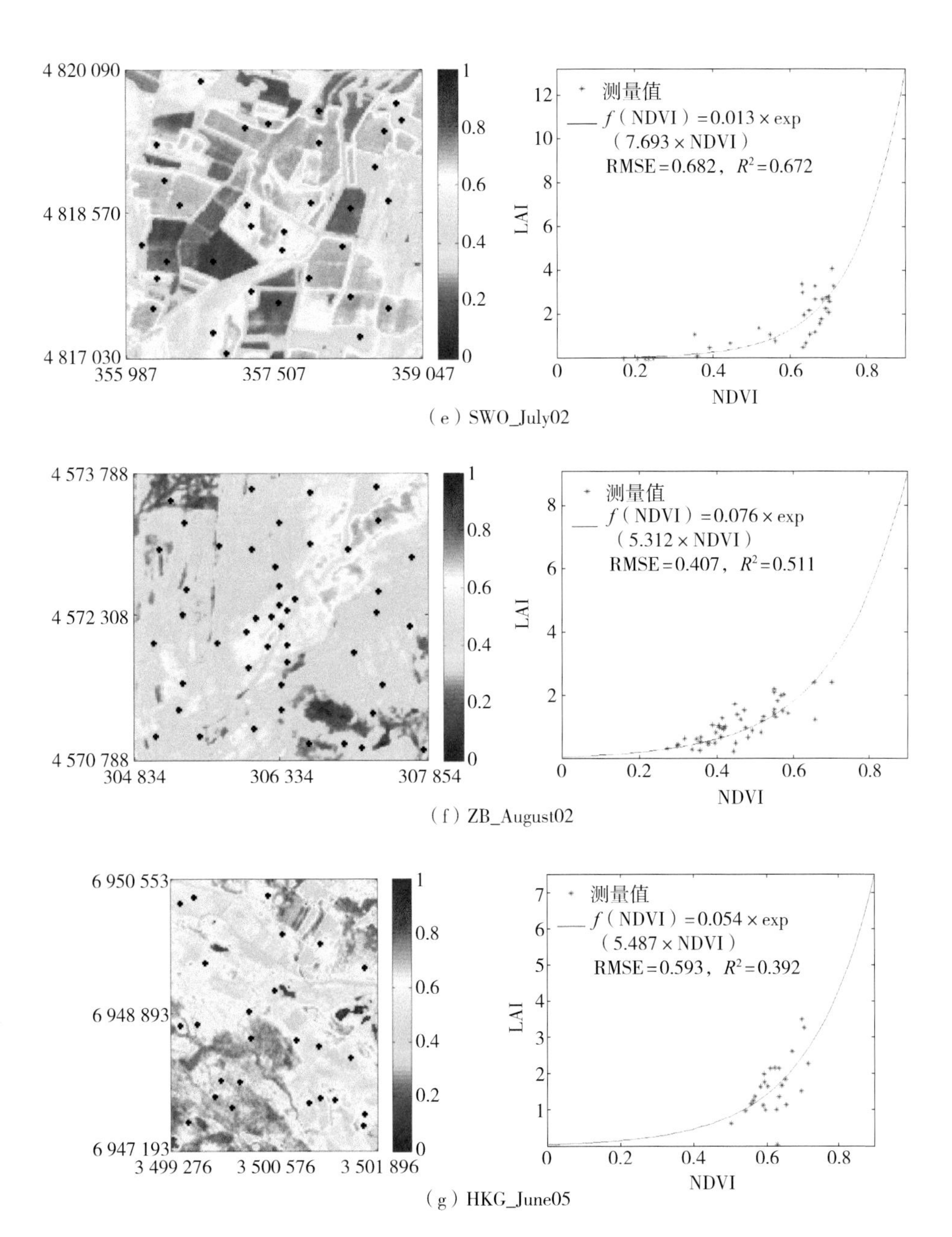

（e）SWO_July02

（f）ZB_August02

（g）HKG_June05

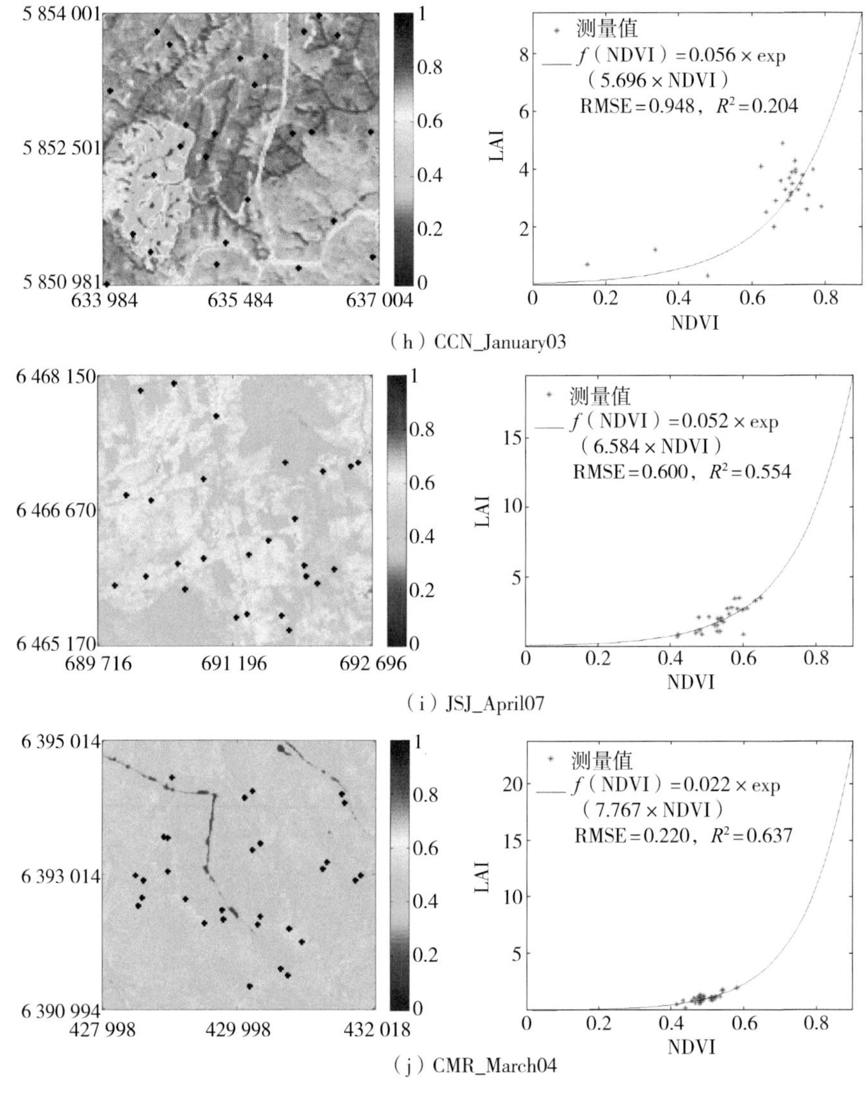

（h）CCN_January03

（i）JSJ_April07

（j）CMR_March04

图 3.3　10 个样区 ESU 空间分布以及 LAI-NDVI 反演函数关系

由图 3.3 可知，通过采样数据拟合的 10 个样区的 LAI-NDVI 反演关系基本上都能很好地反演出基本采样单元（空间分辨率 20 m）内的叶面积指数，均方根误差 RMSE 为 0.407～1.623，而决定系数 R^2 为 0.204～0.84。精度较差的样区主要为 BRX_July03 和 CCN_January03，目视分析其原因可能与基本采样单元位于地类边缘交界处或者内部自身不均一有关。由于本研究重点是叶面积指数的尺度效应和尺度转换方法，因此，反演函数自身的精度以及基本采样单元内的异质性暂且忽略不计。

3.4 单变量函数空间尺度效应与空间异质性的协同变化规律分析

首先，为在一个统计尺度下分析单变量反演函数在不同尺度上的尺度效应变化规律，首先将 10 个样区，统一裁剪为 128 行 ×128 列同样尺寸的影像，然后分别上推至 2×2、4×4、8×8、16×16、32×32、64×64、128×128 个像元 7 个聚合尺度获取相应的大尺度低分辨率数据，并统计各个不同聚合尺度下大尺度像元内部方差，分析空间异质性（方差）与聚合尺度（空间分辨率）、空间尺度效应与聚合尺度、尺度效应与空间异质性的协同变化规律。

单变量函数空间异质性（方差）与聚合尺度（空间分辨率）、空间尺度效应与聚合尺度、尺度效应与空间异质性的协同变化规律的结果如图 3.4 所示。从图中可以看出，空间异质性随聚合尺度变化的趋势与空间尺度效应随聚合尺度变化的趋势基本一致。随着聚合尺度的增大，无论空间异质性还是空间尺度效应均随之增大，但两者增大的速率逐渐变缓，除 FD 样区以外，其他样区均趋于饱和状态。对于地表分布较为均一的样区，如 CMR 样区，在进行尺度聚合时，越来越趋于同质像元，因此尺度效应的曲线也趋于平缓。而对于地表异质性较高的 FD 样区，随着像元的不断聚合，混合像元增加导致该样区尺度效应的不断增大。

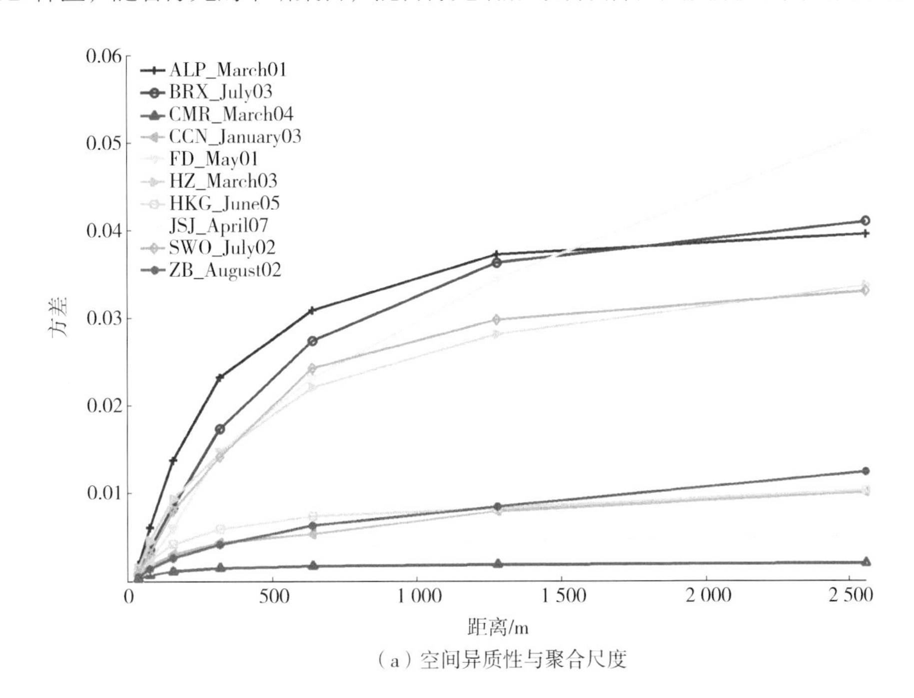

（a）空间异质性与聚合尺度

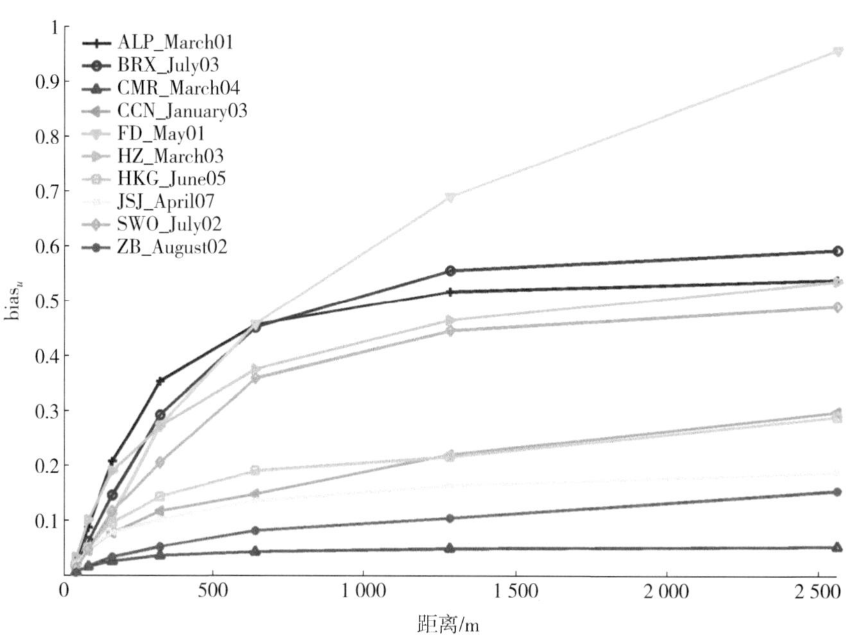

（b）空间尺度效应与聚合尺度

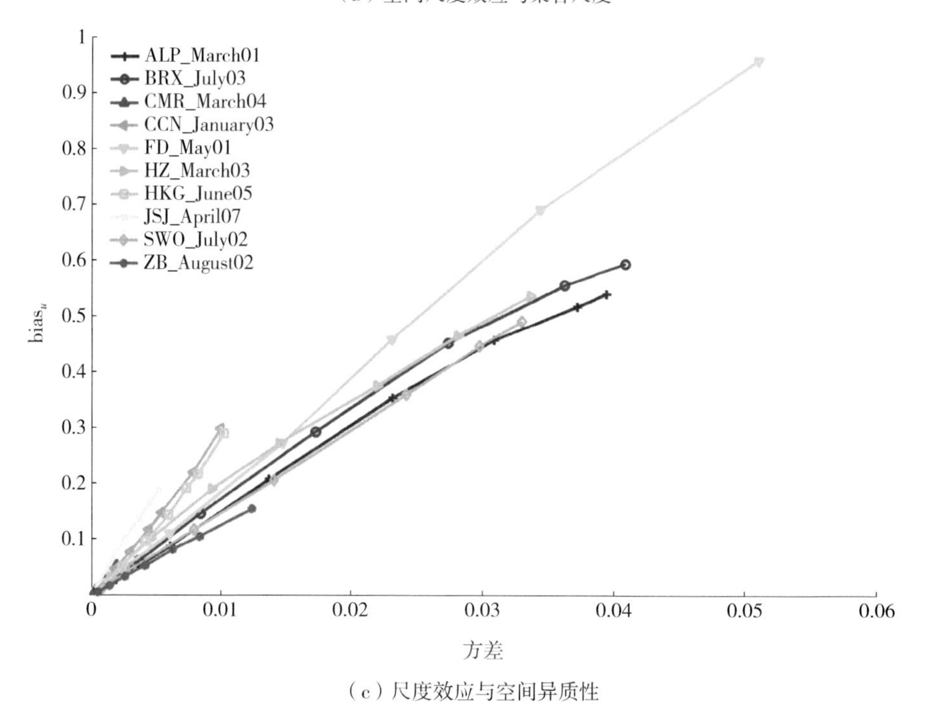

（c）尺度效应与空间异质性

图 3.4 空间异质性、尺度效应以及聚合尺度的协同变化（单变量函数）

由于人工地表（作物）较天然地表（林地或者牧草）更为异质，因此作物样区（FD、ALP、BRX、HZ、SWO）的空间异质性随聚合尺度的增加，增速较快。在 32×32 聚合尺度下（640 m 空间分辨率），方差超过 0.02，而尺度效应超过 0.3。相比较而言，林地或者牧草样区（ZB、HKG、CCN、JSJ、CMR）由于地表类型较为均一，空间异质性随聚合尺度的增速较慢，相应的也导致这些样区的空间尺度效应较小，即使在 128×128 聚合尺度下（2 560 m 空间分辨率），方差也仅约为 0.01，而且尺度效应则始终保持在 0.3 以下。此外，从图 3.4（c）可以明显地发现尺度效应与方差呈现明显的正相关，尺度效应随方差的增大而增大，这与前人研究中所总结的空间异质性（方差）是尺度效应的主导因素的观点相印证。

3.5 双变量函数空间尺度效应与空间异质性的协同变化规律分析

同上节单变量函数空间尺度效应与空间异质性的协同变化规律分析一样，10 个样区的红光和近红外波段反射率也分别上推至 7 个不同的聚合尺度，即 2×2、4×4、8×8、16×16、32×32、64×64、128×128 个像元聚合，并统计各个不同聚合尺度下大尺度像元内部方差，分析空间异质性（方差）与聚合尺度（空间分辨率）、空间尺度效应与聚合尺度、尺度效应与空间异质性的协同变化规律。根据式（3.15）中双变量函数的尺度效应定量表达式进行构成分析，在双变量函数中，除红光、近红外波段各自的方差会对尺度效应造成影响以外，2 个波段之间的协方差也会造成尺度效应的变化。

双变量函数空间异质性（方差）与聚合尺度（空间分辨率）、空间尺度效应与聚合尺度的协同变化规律的结果如图 3.5 所示。

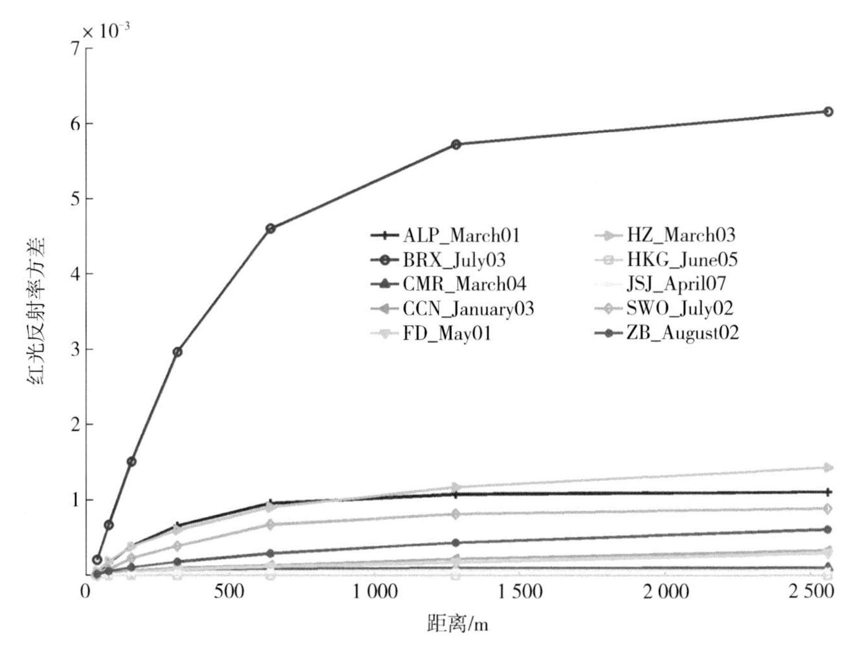

（a）红光波段方差与聚合尺度

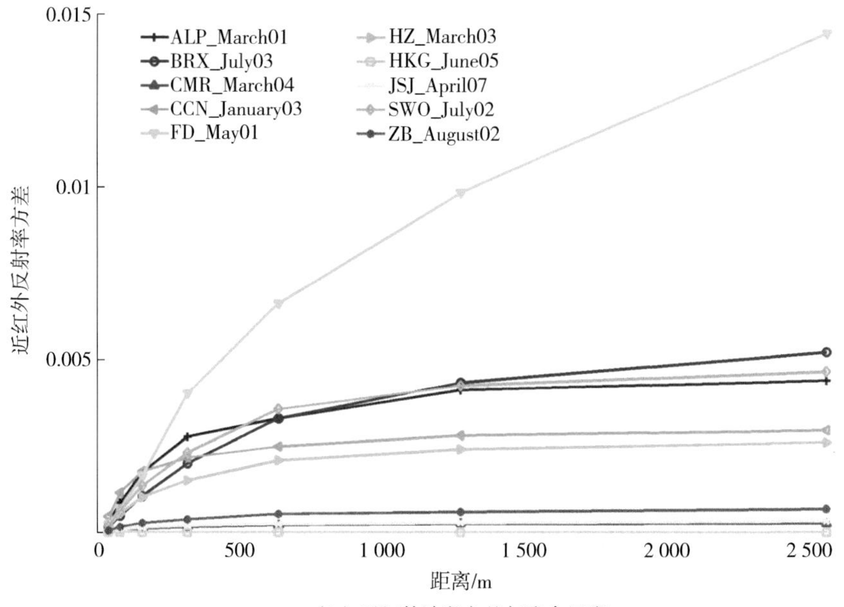

（b）近红外波段方差与聚合尺度

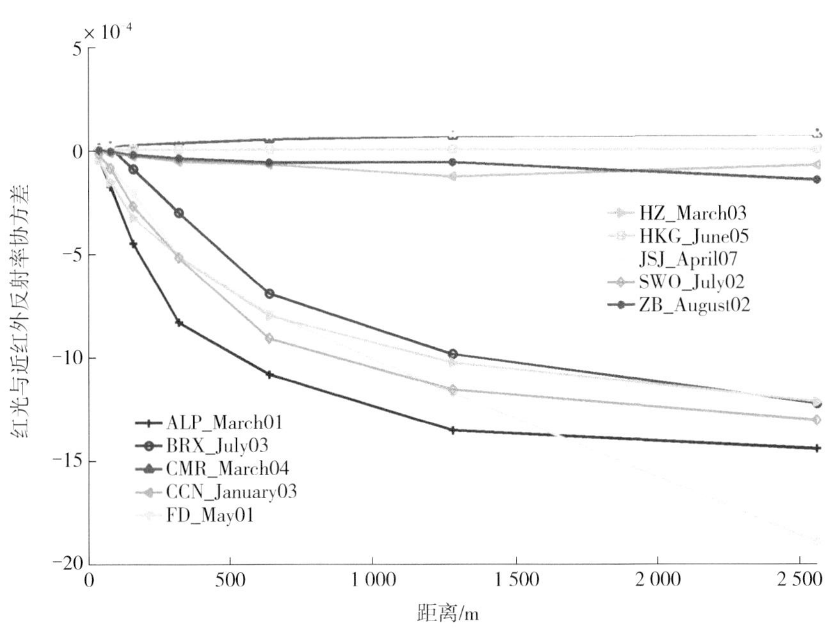

（c）红光与近红外波段协方差与聚合尺度

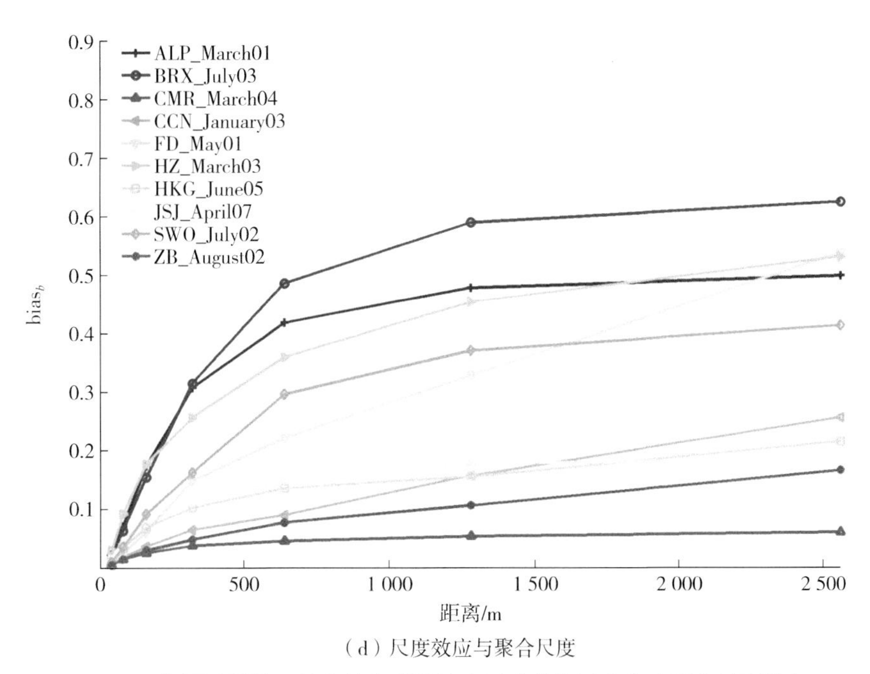

（d）尺度效应与聚合尺度

图 3.5　空间异质性、尺度效应以及聚合尺度的协同变化（双变量函数）

从图 3.5 可以看出，除 BRX 样区以外，红光波段的方差随聚合尺度变化的整体趋势均较为平缓。相比之下，在近红外波段，除 FD 样区，其他样区的方差随聚合尺度增加幅度略有增幅，但基本上也不剧烈。虽然在近红外波段，FD 样区的方差最大，但其尺度效应在各聚合尺度并非最大。红光和近红外波段之间的协方差呈现截然不同的变化特征，协方差与聚合尺度大体上呈现负相关。随着空间异质性的增大，空间异质性程度较大的作物样区（FD、ALP、BRX、HZ、SWO），协方差随聚合尺度的变化降速较快，而地表较为均一的林地或者牧草样区（ZB、HKG、CCN、JSJ、CMR），协方差的降速较为平缓。

以 FD 样区为例比较图 3.4（b）与图 3.5（d），由于其空间异质性在 10 个样区中最大，在单变量函数的尺度效应也是随聚合尺度增加最快的，而在双变量函数中，由于尺度效应构成比单变量函数更加复杂，因此，呈现出与单变量函数不同的总体趋势。而对于地表呈现较为均质的样区，在单、双变量函数的尺度效应变化趋势仍然较为一致，从中也可以反映出空间异质性这个重要因素对尺度效应的影响程度。

随后，针对 10 个样区，为进一步寻求空间尺度效应与空间异质性的协同变化规律，对双变量函数中尺度效应随红光波段方差、近红外波段方差以及两者之间协方差变化的趋势进行总体分析（图 3.6）。

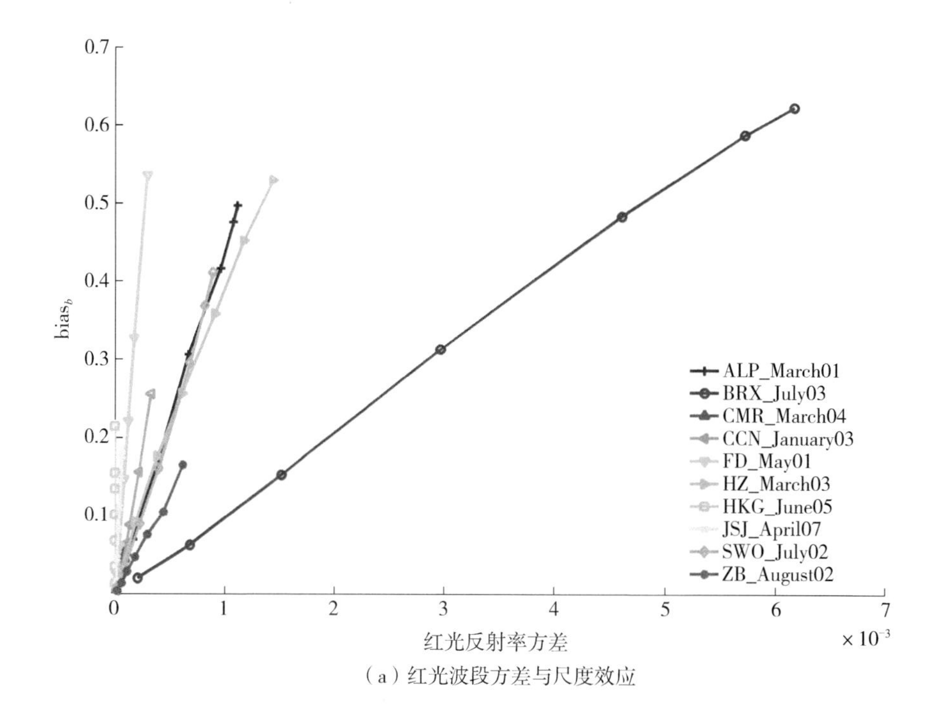

（a）红光波段方差与尺度效应

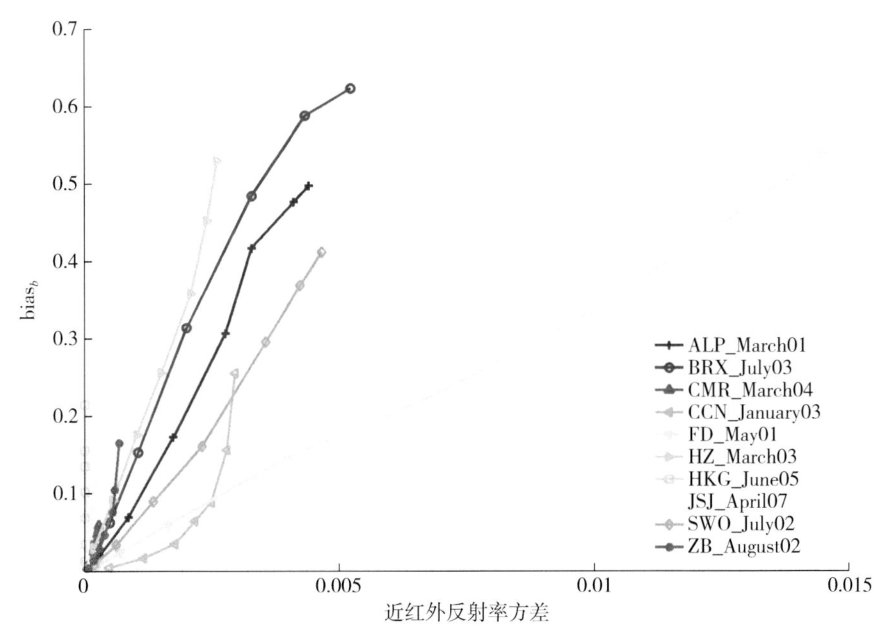

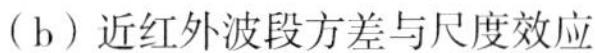
（b）近红外波段方差与尺度效应

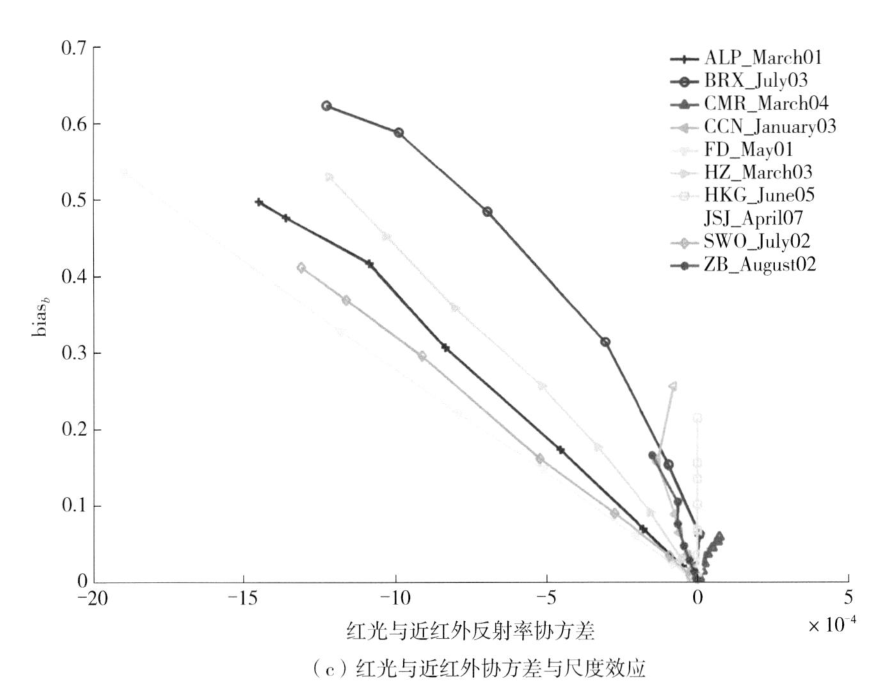

（c）红光与近红外协方差与尺度效应

图 3.6　方差和协方差与尺度效应关系示意图

从图 3.6 中可以看出，对于地表分布较为均一的样区，无论是红光还是近红外波段的方差取值都很小，因此与尺度效应的关系并不明显，而对于地表异质性较高的样区，红光波段方差、近红外波段方差均与尺度效应呈现出正相关的趋势，而两者之间的协方差则呈现出与尺度效应的负相关关系。研究认为，双变量函数的尺度效应构成与单变量函数相比复杂得多，是由各部分之间或叠加或抵消后的结果，例如 FD 样区，其红光和近红外波段自身的方差起叠加作用，最终削减尺度效应的总量。

3.6 本章小结

在本章中，首先以空间尺度上推像元聚合过程为基础，详细描述 2 个不同的空间聚合过程以及尺度效应产生的原因。借助于泰勒级数展开法，推导得到单、双变量各自的尺度效应定量表达式，清晰地展示不同类型反演函数的尺度效应构成。通过 VALERI 数据库中的 10 个样区实例进行综合数值分析，对于单变量函数，尺度效应的耦合机制较为清晰，而对于双变量函数而言，尺度效应的构成更为复杂，不仅包括模型非线性还包括输入变量自身的方差以及输入变量之间的协方差。反演函数的凹凸函数特性与输入变量之间的正负相关性都会导致各部分产生的尺度效应最终叠加或抵消成总的尺度效应。基于单、双变量函数的空间尺度效应与空间异质性的协同变化规律的初步研究都为后续尺度转换的研究奠定理论基础。鉴于双变量模型尺度效应的复杂性，为简便起见，在后续章节的尺度转换研究暂时只针对单变量情况下的叶面积指数反演的尺度效应，即忽略 NDVI 自身的尺度效应，仅考虑 NDVI 的空间异质性和反演模型非线性对 LAI 尺度效应的影响。

4

基于小波变换的尺度转换方法

基于泰勒级数展开式发展起来的尺度转换模型是目前应用最为广泛的方法，该模型通过严格的数学推导出来，具有很高的精度，但该方法只适用于连续可导的反演函数，尺度误差校正项的准确估算必须有准确的同步小尺度先验数据的支持，不仅如此，当反演函数输入变量较多时，输入变量的方差以及变量相互间的协方差计算相当烦琐，在一定程度上也限制该方法的普适性。本章主要目的是针对上述尺度转换模型存在的不足，尝试以离散小波变换为基础，建立一个不受限于反演函数特性的尺度转换模型。从 VALERI 数据库中选取 3 个具有不同异质程度的研究样区，首先构建 2 个新变量用于描述小波变换过程的细节损失率与尺度上推过程中的尺度误差率，在 3 个样区的 4 个聚合尺度上进行模拟上推，得到样区对应的尺度转换系数，分别构建尺度转换模型。最后分别在有同步小尺度先验数据以及没有同步小尺度先验数据支持的 2 种情况下估算该尺度转换模型的校正精度，并与基于泰勒级数展开式的尺度转换模型的校正精度进行比较，对结果进行全面分析。

4.1 小波变换原理概述

传统的信号分析数学方法是傅立叶变换，其实质就是将信号展开为不同频率正弦信号的线性叠加，其核函数为正弦函数，可以得到信号各种频率成分的强弱和信号能量在频率域的分布。1981 年，法国地质物理学家 Morlet 在分析地质数据时，首先提出小波变换（Wavelet Transform，WT）这一概念。从 20 世纪 80 年代开始小波理论的研究有了巨大的发展，被誉为“数学显微镜”，可以通过变焦手段来观察研究对象，它的出现较好地弥补傅里叶变换不能同时分析时间域和频率域的缺陷。

小波变换适用于分析能量有限的非平稳的信号，遥感影像就是这样一种信号，它能够将图像信号展开为小波函数族的线性叠加，权重系数为小波系数，小波函数类型多种多样，可以是正交的，也可以是非正交的，在时域和频域同时具有良好的局部化性质，可以对信号同时分析时间域和频率域，这是与傅立叶变换的本质区别（MALLAT，1989）。相比傅立叶变换而言，小波变换还弥补傅立叶变换的缺点，把频率强度和位置（时刻）紧密地联系起来，并且不再要求数据满足平稳性假设（PELGRUM，2000）。众所周知，小波变换目前已成为一个广泛应用于多学科信号或图像分解的数学工具，可以从不同尺度和位置对信号或图像进行分析。小波变换在遥感领域应用越来越多，主要应用于图像和光谱处理，如遥感图像的分析与重构、图像去噪（KLOOSTERMAN et al.，2004）、图像融合（AMOLINS et al.，2007）、光谱解混（RIVARD et al.，2008）。

4.1.1 小波变换理论

小波变换的基本思想是把函数分解成为相互正交的一组小波基函数的线性组合，即将任意 $L^2(R)$ 空间中的图像信号 $f(x)$ 在这个小波基函数上展开，缩放尺度和平移位置是连续变化的。这里 $L^2(R)$ 是一个无限维向量空间，这个空间是 R 上所有平方可积的可测函数的集合。

对于一维数据，连续小波变换可定义为（BRUCE et al.，2001）：

$$\mathrm{W}_f(a,\tau)=\langle f(x),\varphi_{a,\tau}(x)\rangle=\int_{-\infty}^{\infty}f(x)\overline{\varphi_{a,\tau}(x)}\mathrm{d}x \tag{4.1}$$

式中，$W_f(\alpha,\tau)$ 为小波系数；$f(x)$ 为图像信号函数；$\varphi_{\alpha,\tau}(x)$ 为小波基函数。

数字图像是二维信号，其小波变换相当于 2 次一维信号的小波变换：先对该图像矩阵的行进行小波变换，再对列进行小波变换。针对数字图像等二维数据，二维连续小波变换可定义为：

$$\mathrm{W}_f(a,\tau_1,\tau_2)=\langle f(x,y),\varphi_{a,\tau_1,\tau_2}(x,y)\rangle=\iint f(x,y)\overline{\varphi_{a,\tau_1,\tau_2}(x,y)}\mathrm{d}x\mathrm{d}y \tag{4.2}$$

显而易见，小波变换能够同时提供信号的时间和频率信息，给出信号的一种时频表示。小波变换的实质是将 $L^2(R)$ 空间中的任意函数 $f(x)$ 表示为其在不同伸缩因子和平移因子上的投影叠加。通过小波变换，任意能量有限的信号能够由不同频率的波叠加表示，这些不同频率的波是由某一个单一的小波经过伸缩和平移得到的。

4.1.2 小波多分辨率分析

1989 年，MALLAT 将计算机视觉领域内的多尺度分析的思想引入小波分析中，提出多分辨率分析（Multi-Resolution Analysis，MRA）的概念。MRA

技术给出信号和图像分解为不同频率通道的算法及其重构算法，即利用正交小波基的多尺度特性将图像展开，以得到不同尺度图像间的“信息增量”（MALLAT，1989）（图 4.1）。生态环境尺度的客观存在决定可以对生态环境数据进行多尺度的分析技术，在图像处理技术中广泛使用的 MRA 技术同样适合于反映地表生态环境特征的遥感影像数据处理技术上（徐芝英 等，2015）。MRA 成为小波变换的一个重大优势，通过多分辨率变换，可以将信号在多个尺度上分解，便于观察信号在不同尺度（分辨率）上的特性。

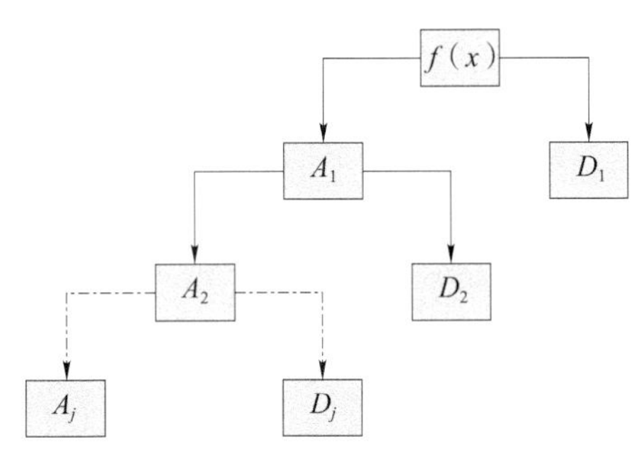

图 4.1　MALLAT 多分辨率分析金字塔算法示意图（MALLAT，1989）

MALLAT 的 MRA 理论提供一个层次金字塔从结构上来解释图像的构成。以一维多分辨率分析为例，假设矢量空间 $\{V_j\}_{j\in Z}$ 和 $\{W_j\}_{j\in Z}$ 均为 $L^2(R)$ 上的子空间序列，其中，$\{V_j\}_{j\in Z}$ 称为尺度空间，$\{W_j\}_{j\in Z}$ 称为小波空间。进行小波变换时，多分辨率分析可以将 $f(x)\in L^2(R)$ 解析到一组正交空间上。根据小波理论，相邻尺度上存在一个包含关系，即小尺度的信息由较大尺度的近似信息和相邻尺度之间的信息损失组成（RANCHIN and WALD，1993）。依据尺度函数的多分辨率分析理论，小波空间 W_j 是 V_j 关于 V_{j+1} 的正交补，它代表 V_j 逼近 V_{j+1} 时所丢失的细节信息，2 个子空间满足下列条件：

$$V_{j+1}=V_j\oplus W_j \tag{4.3}$$

即满足 $V_{j+1}=V_j\cup W_j$，且 $V_j\perp W_j$。从而推得 $V_j=V_{j-1}\oplus W_{j-1}$，所以 $W_j\perp W_{j-1}$，因此 $\{W_j\}_{j\in Z}$ 是相互正交的子空间序列。按照多分辨率分析理论，显然可以得到以下表达式：

$$\begin{aligned}V_{j+1}&=V_j\oplus W_j=V_{j-1}\oplus W_{j-1}\oplus W_j\\&=V_{j-2}\oplus W_{j-2}\oplus W_{j-1}\oplus W_j=\cdots\cdots\\&=V_0\oplus W_0\oplus\cdots W_{j-1}\oplus W_j\end{aligned} \tag{4.4}$$

从遥感图像处理的角度，多分辨率空间的分解可以理解为图像的分解，假设有 1 幅图像，可以把它看成空间 V_j 中的图像，则 $V_j = V_{j-1} \oplus W_{j-1}$ 可以理解为 V_j 空间中的图像有一部分保留在 V_{j-1} 空间中，还有一部分放在 W_{j-1} 空间（图 4.2）。

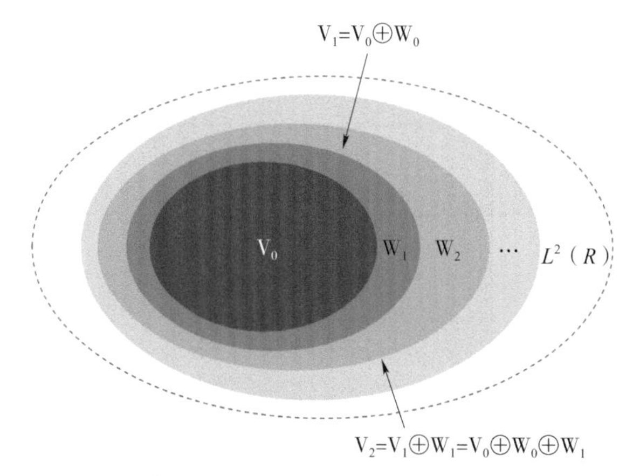

图 4.2　小波变换多分辨率矢量子空间之间嵌套关系示意图

从图 4.2 中可以清晰看出不同级别尺度空间之间的嵌套关系，即 $V_j \subset V_{j+1} \subset V_{j+2} \subset V_{j+3} \cdots\cdots \subset L^2(R)$。由于小波表示的正交性，在分解过程中不会产生冗余的数据（MALLAT，1989）。图 4.2 中也清晰地反映出小波分解部分的正交特性的优势，如果采用正交基，变换系数没有冗余信息，变换前后的信号能量相等，相当于能够用最少的数据表达最大的信息量。

小波变换的多分辨率分析的特性与人眼系统对物体尺度的自适应性相一致，客体根据其与观察者的距离远近不同而呈现出不同的表现形式，人眼在不同距离观察同一目标对象，在近距离观察时能看到物体的更多细节部分，而当观察距离变远时，人眼所能看到的细节越来越少，更多地看到物体的整体轮廓，这一观察距离的变化过程中对图像进行多尺度分解。客体信息的获取与其和人眼之间的距离关系密切，在不同距离呈现出不同的结果，距离越远则损失的细节越多，这一特性与遥感尺度上推过程十分相似。

4.1.3　二进制离散小波变换

二进制离散小波变换（Dyadic Discrete Wavelet Transform，DDWT）是离散小波变换的一种形式。相比于离散小波变换，二进制离散小波变换的尺度参数不能随意离散，是对尺度因子 α 和平移因子 τ 特殊化取值。图 4.3 展示的为二进制离散小波变换的逐级分解过程。

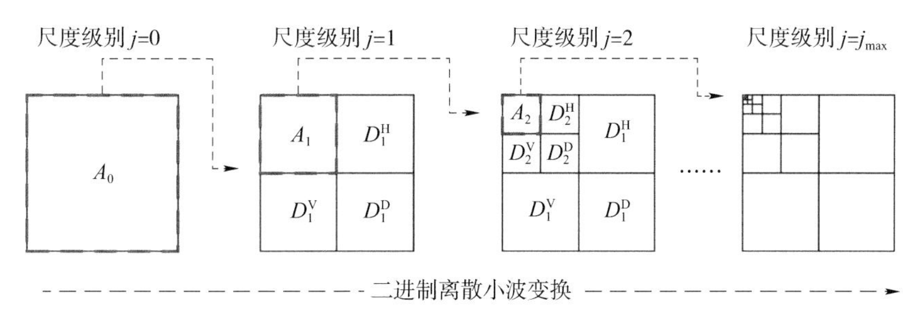

图 4.3　二进制离散小波变换的逐级分解过程示意图

图中的 j 代表分解层次，A_j 是低频系数，代表原影像的主要特征，D_j^H，D_j^V 以及 D_j^D 分别为水平、垂直、对角线 3 个不同方向的高频系数，代表影像的细节部分。A_j 表示信号 $f(x)$ 在分解层次 2^j 上的近似信号，A_{j-1} 表示信号 $f(x)$ 在分辨率 2^{j-1} 上的近似信号，这 2 个相邻层级之间信号的差是在 2^j 上 $f(x)$ 的细节信号，按照 MRA 理论，该细节所形成的空间即为 D_j。也可以说，A_j 是在分解层次 2^j 上信号的近似部分，D_j 则是在分解层次 2^j 上信号的细节部分。

从遥感的角度看，由于离散小波变换可以将遥感影像分解成特定大尺度下的正交小波表示，可以很容易地确定不同空间尺度的相对变化，由于其正交性而不会使得分解过程中产生冗余数据。低频小波系数保留原始遥感影像的大部分信息，能够反映影像的变化平缓的部分，表征数据的本征信息；高频小波系数包含边缘、区域轮廓等细节信息，是数据在特定时空位置上的细节，反映影像的变化剧烈的部分。如果一个空间尺度具有某种尺度自相似性，经过小波分解的结果仍将保留这种自相似性，而通过小波变换可以捕捉数据中出现的统计自相似性，这种统计自相似性被认为可能有利于尺度上推模型的生成。遥感影像可以被分解为多种分辨率组分，在对应的尺度进行分析。当影像各像元数值均一即地表呈现同质性时，则影像通过离散小波变换分解得到的高频系数均为 0，符合尺度效应当地表同质时的尺度效应为零的变化规律。小波的近似系数和细节系数可以通过滤波系数直接导出，而不需要确切知道小波基函数，使用十分便利。因此，二进制离散小波变换是分析遥感尺度转换关系的一个合适的工具。

4.2 基于二进制 DWT 的尺度转换模型

目前，应用较多的小波有 Haar、Daubechies 系列、Symlet，Meyer、Mexican hat 等，小波函数的选择对小波变换的应用效果具有一定的影响。数学家哈尔（Haar）在 1910 年提出来的 Haar 小波是所有小波中最简单的也是古老的一种。本研究对于小尺度遥感影像的分解采用 Haar 小波进行。Haar 基函数 $\varphi(x)$ 又称为尺度函数，也称为父小波，是生成矢量空间 V_j 而定义的一组线性无关的函数，等同于对信号做低通滤波保留平滑的形状；Haar 小波函数 $\varphi(x)$ 也称为母小波，是生成矢量空间 W_j 的一组线性无关的函数，等同于对小信号做高通滤波保留变化细节。

像所有的小波变换一样，Haar 小波由尺度函数 $\varphi(x)$ 和小波函数 $\varphi(x)$（图 4.4）生成 1 组可用于分解和重构信号的函数族，将 1 个离散信号分解成 1/2 长度的 2 个子信号。其中 1 个子信号是连续的平均值或趋势；另外 1 个子信号是差异或波动。

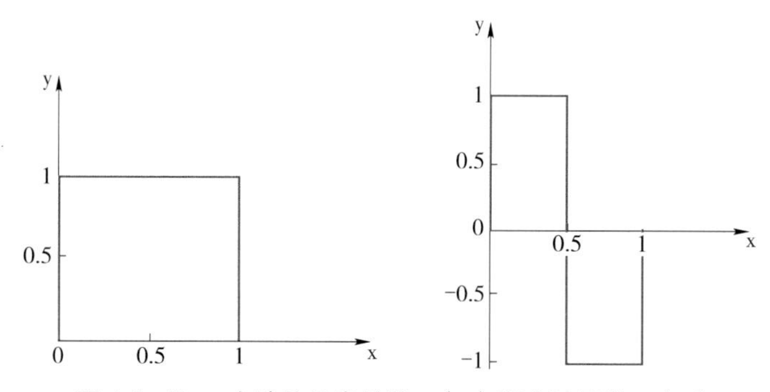

图 4.4　Haar 小波的尺度函数 $\varphi(x)$ 和小波函数 $\varphi(x)$

图 4.5 展示以 FD 样区为例，展示 LAI 影像（20 m 分辨率）基于 Haar 小波在 4 个尺度上的分解过程。

如图 4.5 所示，j 表示分解层级，分别对应于 2×2、4×4、8×8 和 16×16 个像元聚合。二进制离散小波变换以原始 LAI 图像为初始信号，通过 1 组高通和低通滤波器进行分解。第 1 级分解将影像分解成 4 个部分，包括 1 个低频部分和 3 个高频部分。在第 2 级分解中，迭代分解仅针对上一级分解得到的低频子图，第 1 级分解后的高频系数将不再被继续分解，而第 1 级分解得到的低频

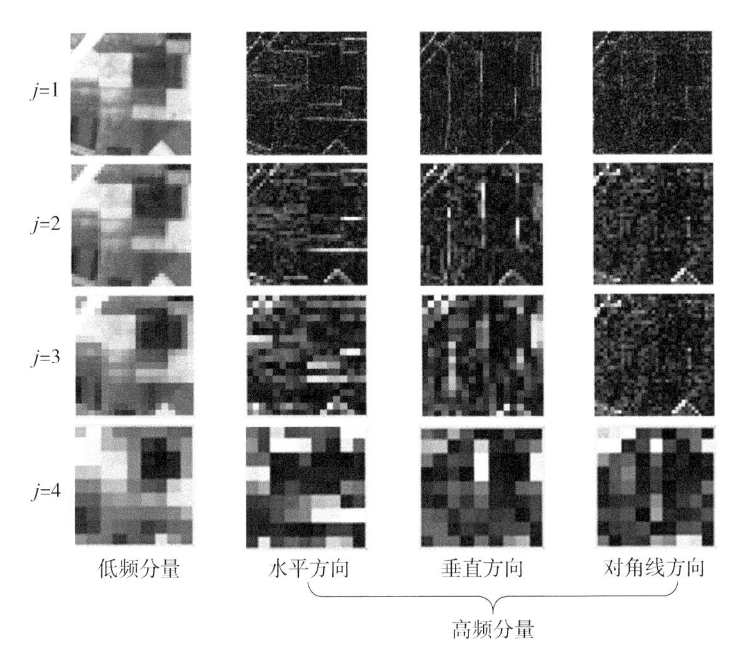

图 4.5　遥感影像的多尺度小波变换示意图

部分将继续分解成新的低频部分和一系列新的高频部分，高频部分代表相邻尺度转换过程中损失的细节。二进制离散小波变换对尺度因子 a 按照以 2 为底的幂级数增长做离散化取值，以二进制的形式在相邻尺度间变化，经过二进制离散小波变换后，原始影像的像元边长为原来的 1/2，即为原始图像分辨率降低 2 倍后的子图，图像的分辨率以 2 为底呈指数衰减，可以看出随着分解层级的增加，损失的细节量越来越大，这与遥感影像尺度逐级上推过程一致，非常适合应用于遥感图像的分析和处理。

通过遥感反演函数计算小尺度遥感数据对应叶面积指数，得到小尺度 LAI 影像。利用小波变换对获取的小尺度叶面积指数进行小波分解获得对应层级的低频系数和高频系数，即：

$$\left[A_j,\ D_j^{\mathrm{H}},\ D_j^{\mathrm{V}},\ D_j^{\mathrm{D}}\right]=\mathrm{DWT}\left(\mathrm{LAI}_{D,0},\ j\right) \tag{4.5}$$

式中，j 表示小波变换分解层级，$j\in Z$；A_j 为第 j 次小波变换获取的低频小波系数；D_j^H，D_j^V 以及 D_j^D 分别为第 j 次小波变换获取的水平、垂直和对角线 3 个方向的高频系数；DWT 为基于 Haar 小波基的二进制离散小波变换函数（可在 MATLAB 中调用函数来实现）；$\mathrm{LAI}_{D,0}$ 为小尺度叶面积指数。

按照图 4.3 中的二进制离散小波变换过程，分解层次 j 大尺度像元对应的高频系数可表达3个高频部分的组合：

$$D=\sqrt{\left(D_j^{\mathrm{H}}\right)^2+\left(D_j^{\mathrm{V}}\right)^2+\left(D_j^{\mathrm{D}}\right)^2} \tag{4.6}$$

为建立基于DWT的尺度转换模型，定义2个新的参数R_{bias}和R_{detlost}。其中，R_{bias}代表尺度上推聚合过程中产生的尺度误差率，而R_{detlost}代表原始影像在不同层级的小波变换中的细节损失率。这2个参数的表达式具体如下：

$$R_{\mathrm{bias},j}=\frac{\mathrm{LAI}_{\mathrm{D},j}-\mathrm{LAI}_{\mathrm{L},j}}{\mathrm{LAI}_{\mathrm{D},j}} \tag{4.7}$$

$$R_{\mathrm{detlost},j}=\frac{\sqrt{\left(D_j^{\mathrm{H}}\right)^2+\left(D_j^{\mathrm{V}}\right)^2+\left(D_j^{\mathrm{D}}\right)^2}}{A_j+\sqrt{\left(D_j^{\mathrm{H}}\right)^2+\left(D_j^{\mathrm{V}}\right)^2+\left(D_j^{\mathrm{D}}\right)^2}} \tag{4.8}$$

式中，j代表图像的二进制离散小波变换的分解层级，也代表遥感尺度上推过程中的像元聚合尺度；按照第3章图3.1中对于大尺度LAI 2种不同反演途径的定义，$\mathrm{LAI}_{\mathrm{D},j}$和$\mathrm{LAI}_{\mathrm{L},j}$分别代表聚合尺度$j$上的LAI的真实值和估算值。

结合小波分解过程与影像像元聚合过程中的相关性，认为小波系数与尺度误差之间存在密切的内在关联，将R_{bias}表达成细节损失率R_{detlost}的函数如下：

$$R_{\mathrm{bias},i}=f_{\mathrm{T}}\left(R_{\mathrm{detlost},i}\right) \tag{4.9}$$

式中，f_{T}代表两者之间的函数关系。

因此，尺度转换后的LAI，可以通过将式（4.8）～式（4.10）合并后得到如下关系：

$$\mathrm{LAI}_{\mathrm{cor},j}=\frac{\mathrm{LAI}_{\mathrm{L},j}}{1-f_{\mathrm{T}}\left(R_{\mathrm{detlost},j}\right)}=\frac{\mathrm{LAI}_{\mathrm{L},j}}{1-f_{\mathrm{T}}\left(\frac{\sqrt{\left(D_j^{\mathrm{H}}\right)^2+\left(D_j^{\mathrm{V}}\right)^2+\left(D_j^{\mathrm{D}}\right)^2}}{A_j+\sqrt{\left(D_j^{\mathrm{H}}\right)^2+\left(D_j^{\mathrm{V}}\right)^2+\left(D_j^{\mathrm{D}}\right)^2}}\right)} \tag{4.10}$$

4.3 小波变换模型转换系数的确定

本章忽略NDVI自身的尺度效应，重点考虑NDVI的空间异质性对于不同尺度上遥感反演LAI的影响，基于简单的LAI-NDVI的单变量反演函数，主要以 3 个异质性各不相同的样区作为研究对象，分别进行小波变换模型转换系数的确定。在 VALERI 数据库样区配套 SPOT 影像上分别截取 144 行 ×144 列的试验样区数据，分辨率为 20 m（图 4.6）。正如前述章节中所说，由于尺度效应和尺度转换才是本书的研究重点，因此这里不考虑 SPOT 单个像元内的空间异质性，并且忽略大气的影响，仅选择 SPOT 影像数据的表观反射率。通过对 SPOT 近红外和红光波段表观反射率估算的 NDVI 的统计，ZB 样区的 NDVI 标准差为 0.132；HZ 样区的 NDVI 标准差为 0.176；FD 样区的 NDVI 标准差为 0.225。可以看出，FD 样区异质性最大，ZB 样区的异质性最小。随后将原始 SPOT 影像从 20 m 分辨率分别聚合到 40 m、80 m、160 m 以及 320 m，对应于 4 个不同的聚合尺度，即 2×2、4×4、8×8 和 16×16 个像元聚合，以此来评价所建立的基于小波变换的尺度转换效果。

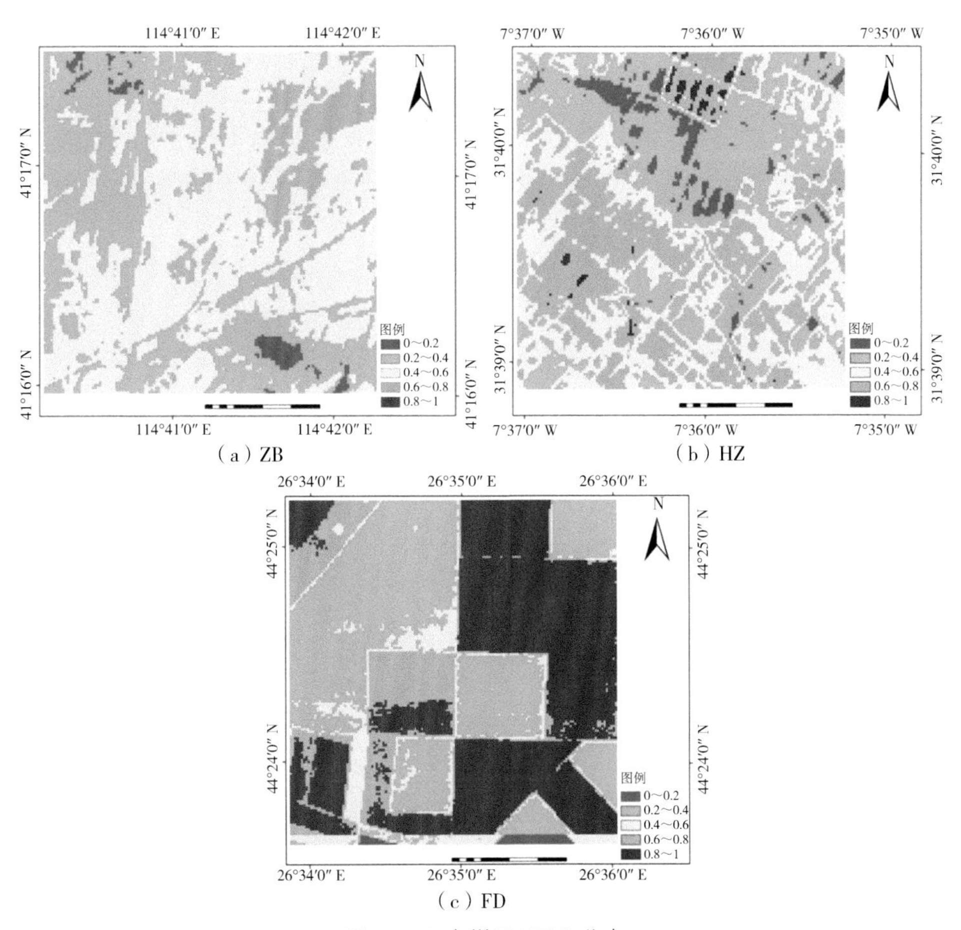

（a）ZB

（b）HZ

（c）FD

图 4.6　3 个样区 NDVI 分布

3 个样区的详细信息如表 4.1 所示。

表 4.1 研究样区的基本信息

样区代码	国家	地表覆盖类型	过境时间	传感器	纬度 /°	经度 /°
ZB	中国	牧草	2002-08-23	SPOT-2/ HRV1	41.28 N	114.69 E
HZ	摩洛哥	作物	2003-03-04	SPOT-4/ HRVIR2	31.66 N	7.60 W
FD	罗马尼亚	作物	2001-05-02	SPOT-1/ HRV1	44.41 N	26.58 E
			2015-04-13	Landsat 8/ OLI		
			2015-05-15	Landsat 8/ OLI		

结合第 3 章中得到的 3 个样区的反演函数，按照图 3.1 中的 2 种不同大尺度 LAI 反演途径，分别计算得到 LAI_D 和 LAI_L，从而得到 4 个不同聚合尺度上的尺度误差，逐像元计算出对应的 R_{bias}。然后分别选用 Haar 小波对 3 个样区的小尺度 LAI 影像在 4 个不同尺度上进行逐级分解，分别得到 4 个不同分解层级中各像元对应的高频及低频系数，从而逐像元计算出对应的 $R_{detlost}$。

根据以上得到的 R_{bias} 和 $R_{detlost}$，通过绘制出 3 个样区在 4 个尺度上 R_{bias} 与 $R_{detlost}$ 的散点图（图 4.7）来寻求两者之间的关系。从图 4.7 可以看出，在所选的 ZB、HZ、FD 3 个样区中，在不同聚合尺度下，R_{bias} 与 $R_{detlost}$ 之间的散点图均呈现出高度相关的幂律关系，但是拟合精度随聚合尺度的增加而降低。从 3 个样区的幂律关系拟合效果来看，可以看出随着聚合尺度的增加，异质性越大的区域，幂律关系越好。幂指函数被选取来定量描述 R_{bias} 与 $R_{detlost}$ 之间的关系，从而将尺度误差转化成小波系数的表达式，用于进行逐像元的尺度转换，有效简化尺度转换模型。

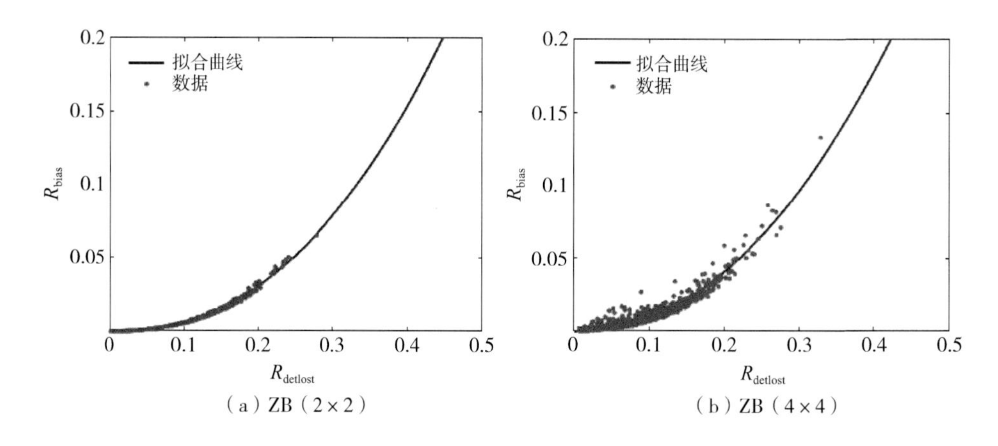

（a）ZB（2×2）　（b）ZB（4×4）

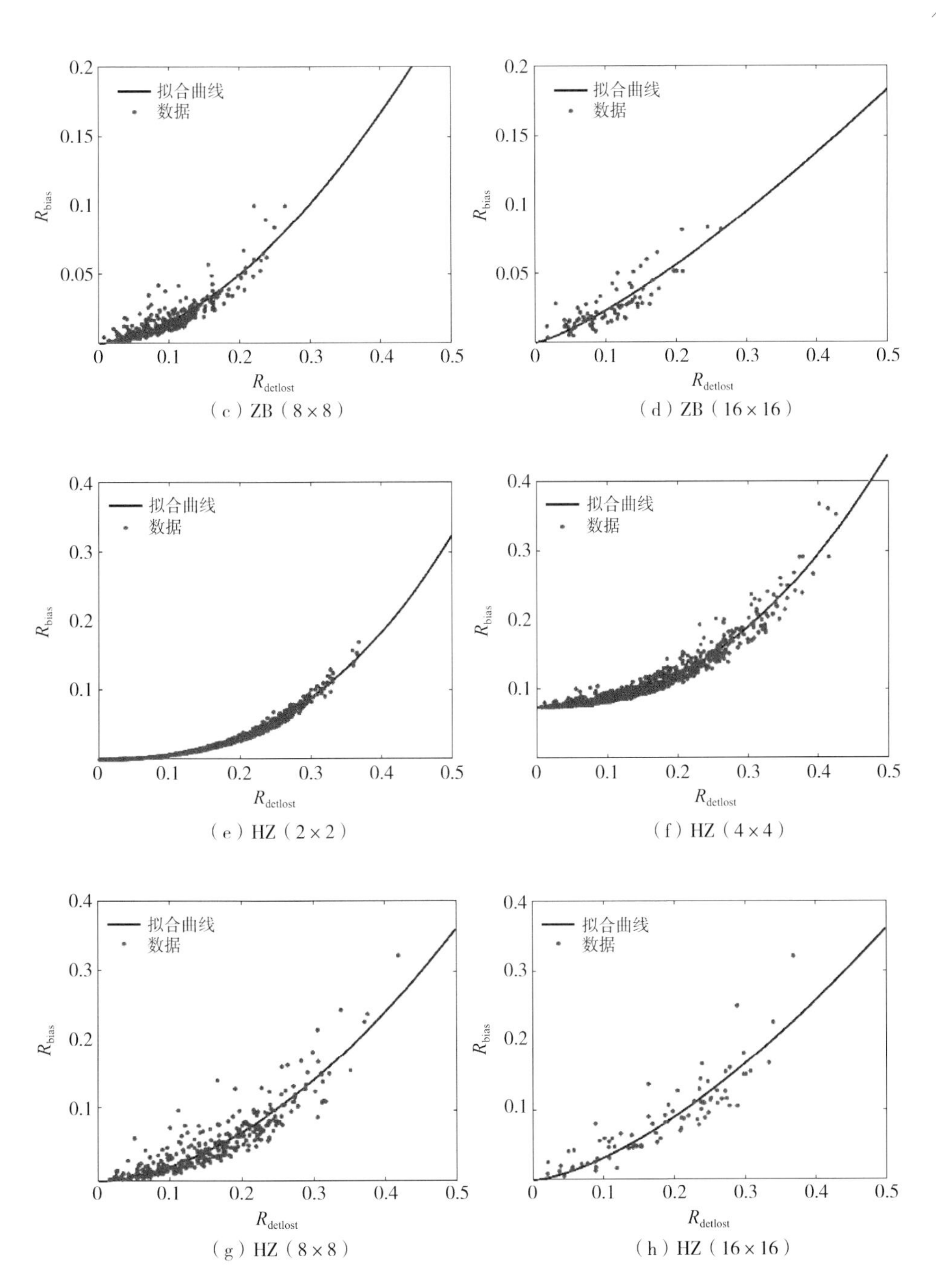

（c）ZB（8×8）

（d）ZB（16×16）

（e）HZ（2×2）

（f）HZ（4×4）

（g）HZ（8×8）

（h）HZ（16×16）

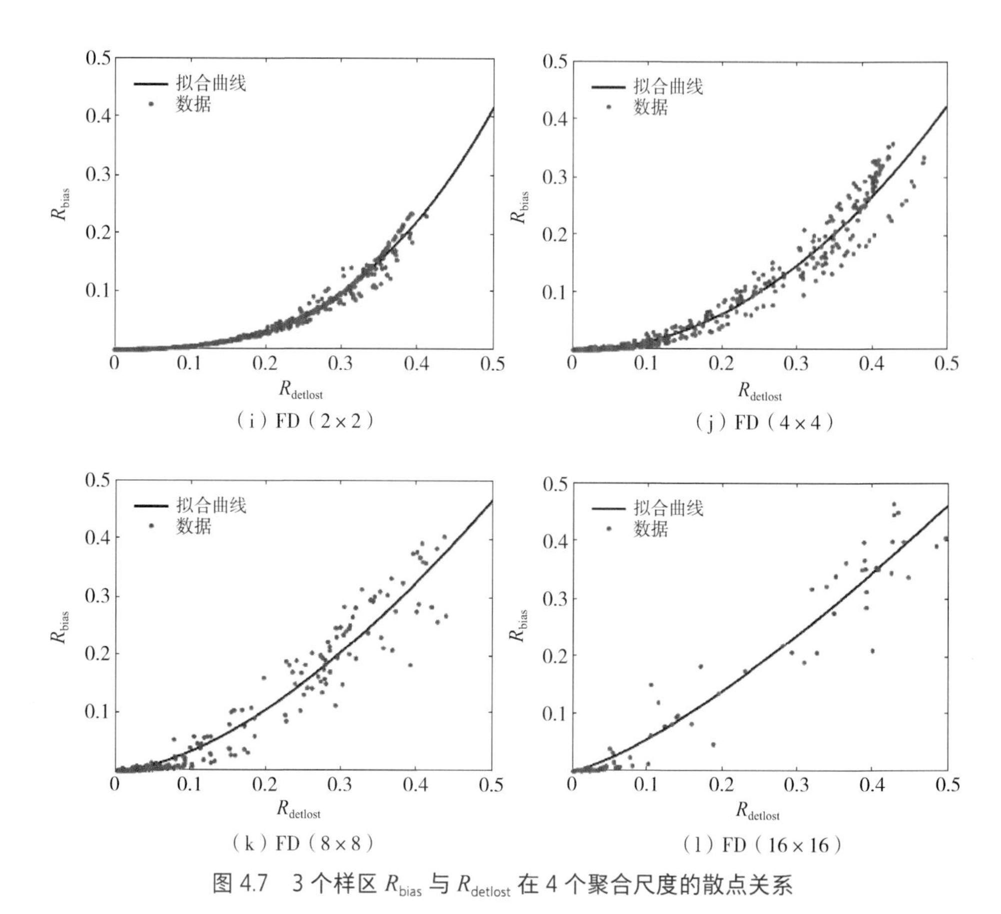

（i）FD（2×2）　（j）FD（4×4）

（k）FD（8×8）　（l）FD（16×16）

图 4.7　3 个样区 R_{bias} 与 $R_{detlost}$ 在 4 个聚合尺度的散点关系

基于回归所得到的幂律系数，可以建立一个经验关系，将尺度误差率 R_{bias} 通过细节损失率 $R_{detlost}$ 的函数形式表达如下：

$$R_{bias,\,j} = m \times R_{detlost,\,j}^{n} \tag{4.11}$$

式中，m 和 n 为尺度误差率 R_{bias} 与细节损失率 $R_{detlost}$ 的转换函数系数。

同时，通过研究尺度转换系数与聚合尺度的关系，发现在 3 个样区的 4 个不同聚合尺度上，转换系数随着聚合尺度的变化呈现单调性变化，转换系数 m、n 和聚合尺度 j 之间都呈现出高度的相关性。3 个样区的转换系数 m、n 与聚合尺度 j 之间的相关性如图 4.8 所示。从图 4.8 可以看出转换系数 m 和 n 与聚合尺度 j 之间均存在高度线性相关的关系，并且 R^2 均高于 0.88。因此，每个样区的转换系数 m 和 n 可以通过聚合尺度 j 计算得到：

$$m = c_m \times j + d_m \tag{4.12}$$

$$n = c_n \times j + d_n \tag{4.13}$$

依据上式可以估算出每个研究样区对应的 m 和 n。

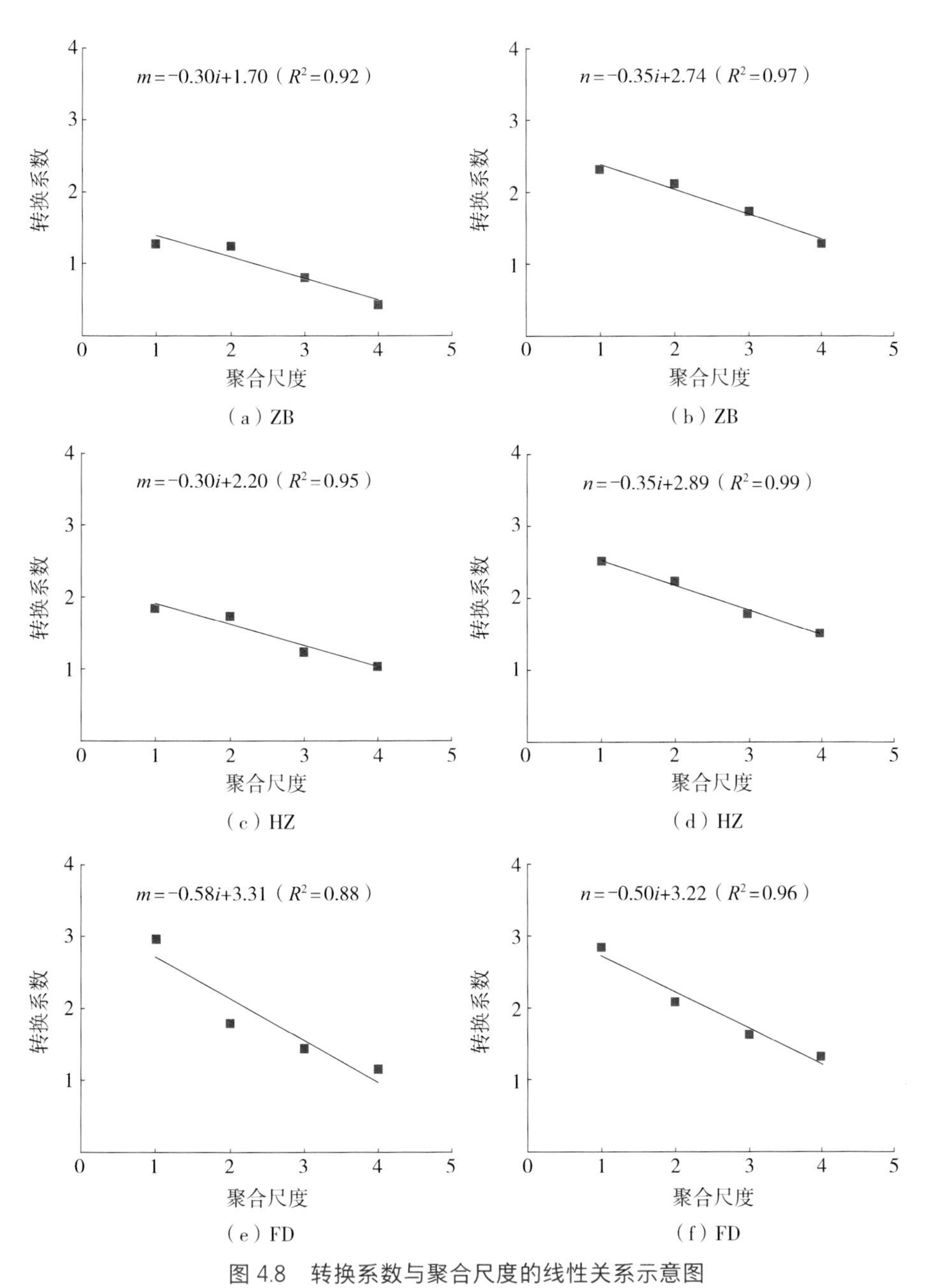

图 4.8　转换系数与聚合尺度的线性关系示意图

将式（4.11）～式（4.13）合并后，校正后的 LAI 可以表达如下：

$$\mathrm{LAI}_{\mathrm{cor},j}=\frac{\mathrm{LAI}_{\mathrm{L},j}}{1-m\times R_{\mathrm{detlost},j}^{n}}=\frac{\mathrm{LAI}_{\mathrm{L},j}}{1-\left(c_m\times j+d_m\right)\times R_{\mathrm{detlost},j}^{\left(c_n\times j+d_n\right)}} \tag{4.14}$$

4.4 空间尺度转换结果分析与比较

为验证基于小波变换的尺度转换模型的误差校正精度，首先将式（4.14）分别应用于3个样区。为评估升尺度算法的准确性，采用相对误差（Relative Error，RE）以及均方根误差（Root Mean Square Error，RMSE）作为评价指标来分析尺度转换的精度，分别定义如下：

$$\mathrm{RE}=\frac{1}{N}\sum_{k=1}^{N}\frac{\left|\mathrm{LAI}_{\mathrm{L},k}-\mathrm{LAI}_{\mathrm{D},k}\right|}{\mathrm{LAI}_{\mathrm{D},k}} \tag{4.15}$$

$$\mathrm{RMSE}=\sqrt{\frac{\sum_{k=1}^{N}\left(\mathrm{LAI}_{\mathrm{L},k}-\mathrm{LAI}_{\mathrm{D},k}\right)^{2}}{N}} \tag{4.16}$$

式中，N是大尺度影像中的像元总个数。$\mathrm{LAI}_{\mathrm{D},k}$为大尺度像元对应的先反演后聚合的LAI理论真值；$\mathrm{LAI}_{\mathrm{L},k}$为大尺度像元对应的先聚合后反演的LAI估算值。RE在一定程度上反映出由尺度效应带来的LAI反演相对误差的平均效果，适用于不同区域之间尺度效应的比较。而RMSE更侧重反映绝对误差，是偏差的平均水平，适用于区域内部的尺度效应比较。

4.4.1 有同步先验小尺度数据支持的尺度转换

第1种情况，假设存在同步小尺度数据，亦即转换系数这些信息都是通过同步小尺度数据估算出来的。这部分验证仍然是在ZB、HZ、FD 3个样区的SPOT影像上进行的。对3个样区分别得到3组尺度转换系数m和n以及对应的细节损失率R_{detlost}，通过式（4.14）分别进行尺度误差纠正。

同时，为充分比较验证尺度转换模型的表现，本研究在3个样区分别使用以泰勒级数展开方法（TSE）为基础的尺度转换模型以及以离散小波变换（DWT）为基础的尺度转换模型，基于DWT的尺度转换模型中的转换系数m、

n 和 $R_{detlost}$ 以及基于 TSE 的尺度转换模型中的尺度误差校正项均从对应的同步 SPOT 影像（20 m 分辨率）上计算得到。3 个样区在 16×16 聚合尺度下的尺度转换结果如图 4.9 所示。图 4.9 显示基于 TSE 和基于 DWT 的尺度转换模型的校正结果。

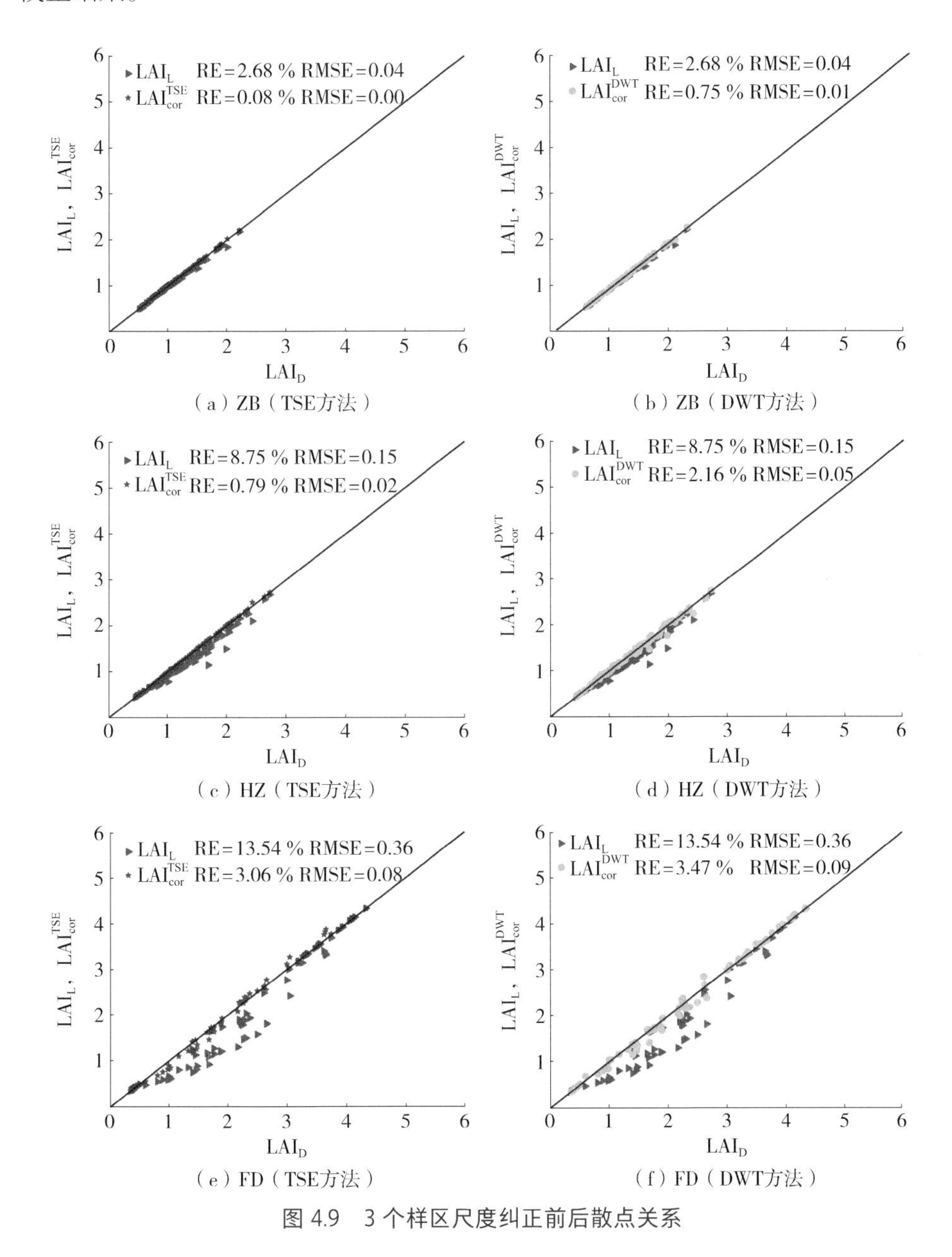

图 4.9　3 个样区尺度纠正前后散点关系

从图 4.9 可以看出 LAI_D 与 LAI_L 之间的差异随着地表异质性的增加而增大，当尺度误差未进行校正时，FD 样区的则高达 13.54 %，2 种尺度转换模型均能达到不错的校正精度，校正后的 LAI_{cor} 更接近 1∶1 线。在 FD 样区，2 种模型均显著地消除尺度误差，校正后大尺度下像元对应的 RE 和 RMSE 均大幅下降。而反观 ZB 和 HZ 样区，尽管纠正的精度不如基于 TSE 的尺度转换模型，但纠正后的比纠正前更加集中分布于 1∶1 线的两侧。

然后以 FD 样区为例，对 2 种方法在 4 个不同聚合尺度上校正后的 LAI_{cor} 的 RE 和 RMSE 进行比较（图 4.10）。

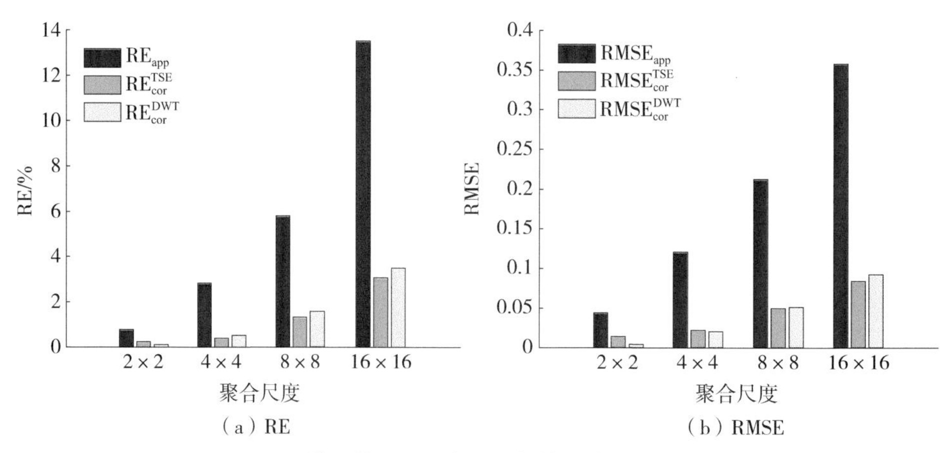

图 4.10　FD 样区使用同步先验数据校正前后 LAI 精度比较

如图 4.10 所示，在 4 种不同的空间分辨率下，RMSE 均显著下降，最大值仅为 0.09。本研究所提出的尺度转换模型可以明显校正由于空间异质性和模型非线性造成的尺度误差，在 FD 样区，16×16 聚合尺度中基于 DWT 的方法可以将尺度效应产生的 RE 从 13.54 % 降低至 3.47 %，而 RMSE 可以从 0.36 降低至 0.09；基于 TSE 的尺度转换模型可以将 RE 从 13.5 % 降低至 3 %，而 RMSE 可以从 0.36 降低至 0.08，2 种方法相比，精度基本持平。这些结果表明，如果大像元内的小波系数可用，则可以有效地利用所提出的基于 DWT 的尺度转换模型来校正空间异质性和模型非线性引起的尺度误差，纠正精度较高。从图 4.9 中可以看出随着样区异质性的增大，基于 TSE 与 DWT 的尺度转换模型之间的纠正精度差距越来越小，基于 DWT 的尺度转换模型在异质性越大的区域可能具有越好的表现。

4.4.2 无同步先验小尺度数据支持的尺度转换

为进一步对尺度转换模型式（4.15）的精度进行全面评估，本研究仍以 ZB、HZ 以及 FD 样区为研究区进行无同步先验小尺度数据支持的尺度转换研究。为获取非同步先验小尺度数据，在 3 个样区分别下载 Landsat 8 OLI 无云影像，同时分别裁取 96 行 ×96 列的影像，确保与 SPOT 影像在同样的区域范围。与 SPOT 影像的聚合尺度一致也是分别以 2×2、4×4、8×8 和 16×16 个像元聚合。具体信息如表 4.2 所示，以 FD 样区为例，其中 4 月 13 日的影像作为待转换数据用于评估尺度校正精度，称为影像 I；5 月 15 日影像为非同步先验小尺度数据，在假定同步先验小尺度数据无法获取时作为替代数据，这里被称为影像Ⅱ。

表 4.2　研究样区的影像信息

样区代码	国家	过境时间	影像编号	影像用途
ZB	中国	2017-07-17	Ⅰ	待转换数据
		2017-08-25	Ⅱ	非同步数据
HZ	摩洛哥	2014-03-05	Ⅰ	待转换数据
		2014-04-06	Ⅱ	非同步数据
FD	罗马尼亚	2015-04-13	Ⅰ	待转换数据
		2015-05-15	Ⅱ	非同步数据

由于小波系数目前尚未存在其他手段获取，只能通过对小尺度数据进行小波变换得到，这就增加对高分辨率数据的依赖性。为进一步验证这个尺度转换模型的适用性，减少对小尺度数据的依赖程度，本研究尝试将相近时期影像所得到的大尺度像元的尺度转换系数 m、n 和细节损失率 R_{detlost} 作为非同步小尺度先验数据应用到相同范围的影像中。与前一节内容不同的是，这里以影像Ⅱ作为非同步先验小尺度数据替代同步先验小尺度数据来估算尺度转换系数 m、n 和 R_{detlost}，而影像Ⅰ作为测试数据，用于评估尺度校正精度，即公式中的系数均由非同步先验小尺度数据影像Ⅱ的结果来替代。为保证比较的统一性，基于 TSE 的尺度转换模型尺度纠正项的估算所需要的数据也通过非同步先验小尺度数据计算得到。以 FD 样区为例，4 个尺度上的尺度转换结果如图 4.11 所示。

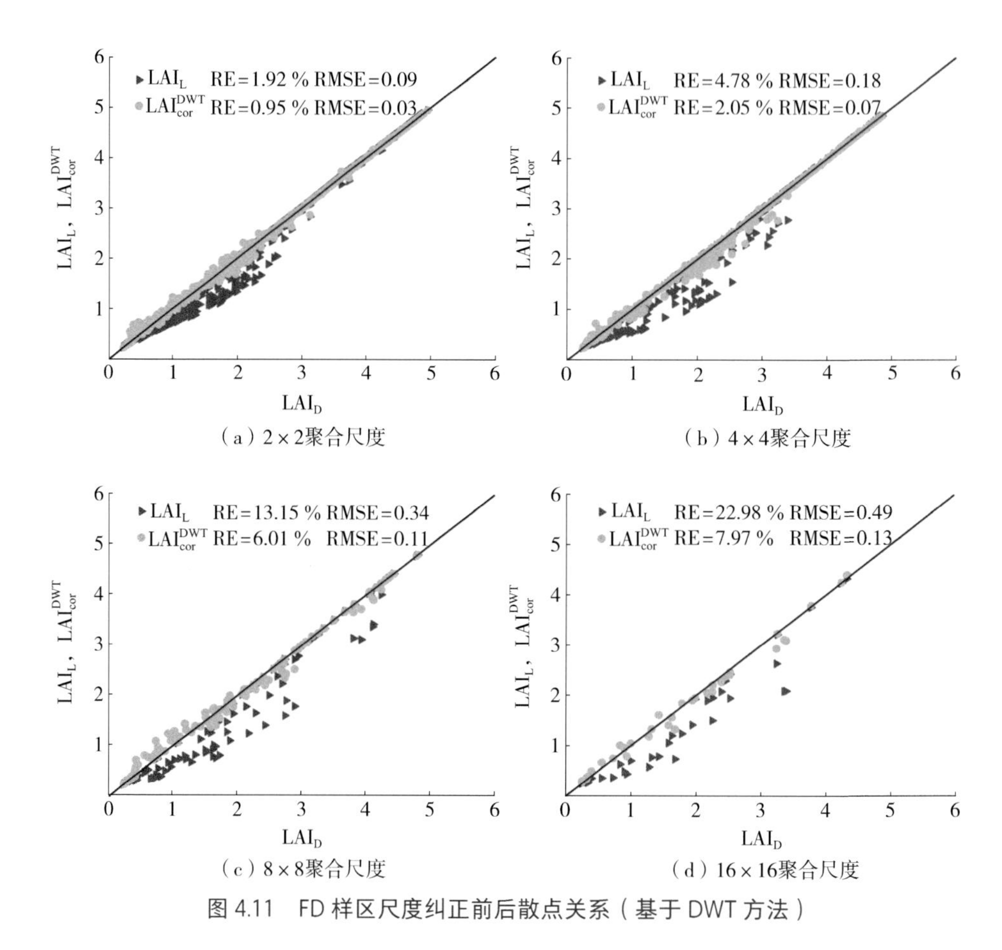

图 4.11　FD 样区尺度纠正前后散点关系（基于 DWT 方法）

图 4.11 与图 4.12 充分显示 FD 样区基于 TSE 和 DWT 的尺度转换模型在 4 个不同聚合尺度上得到的 LAI 真实值与估算值或校正值的散点图，类似于 4.4.1 节中拥有同步先验小尺度数据的结果，经过基于 DWT 的尺度转换模型校正后的 LAI 变得更接近 1∶1 线，而基于 TSE 的尺度转换模型总体精度较差。

为全面分析基于 TSE 和 DWT 的尺度转换模型在 3 个样区的表现，将 4 个聚合尺度转换前后的 RE 和 RMSE 进行全面比较如图 4.13 所示。

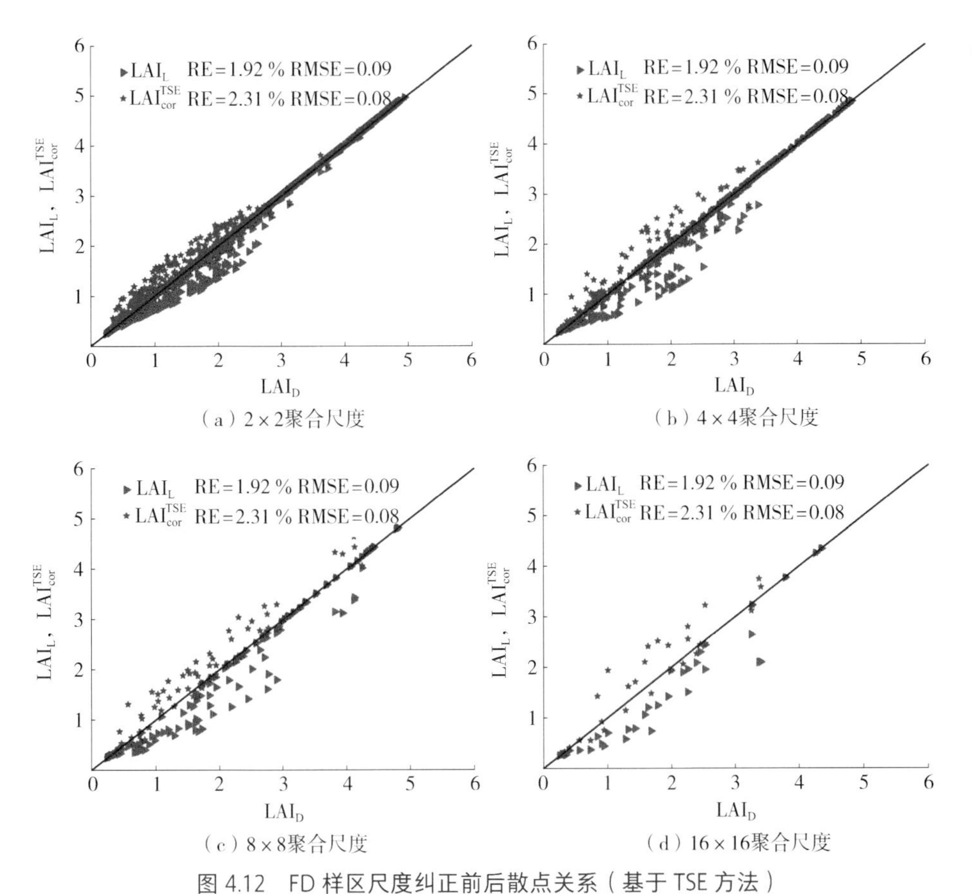

（a）2×2聚合尺度　（b）4×4聚合尺度

（c）8×8聚合尺度　（d）16×16聚合尺度

图 4.12　FD 样区尺度纠正前后散点关系（基于 TSE 方法）

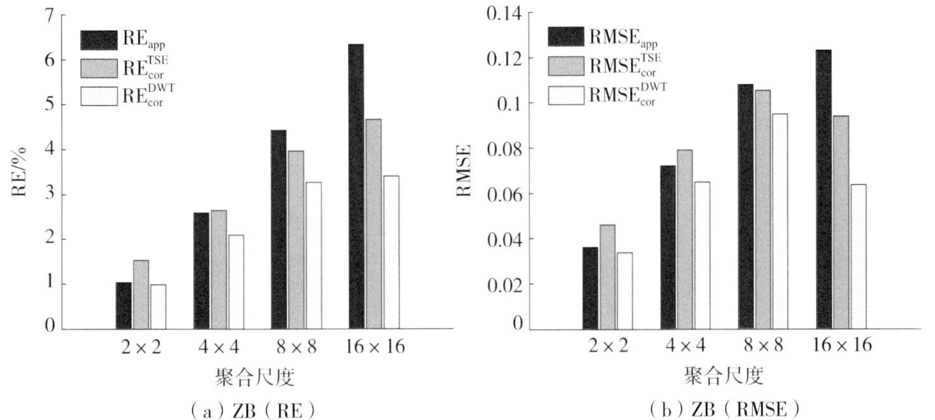

（a）ZB（RE）　（b）ZB（RMSE）

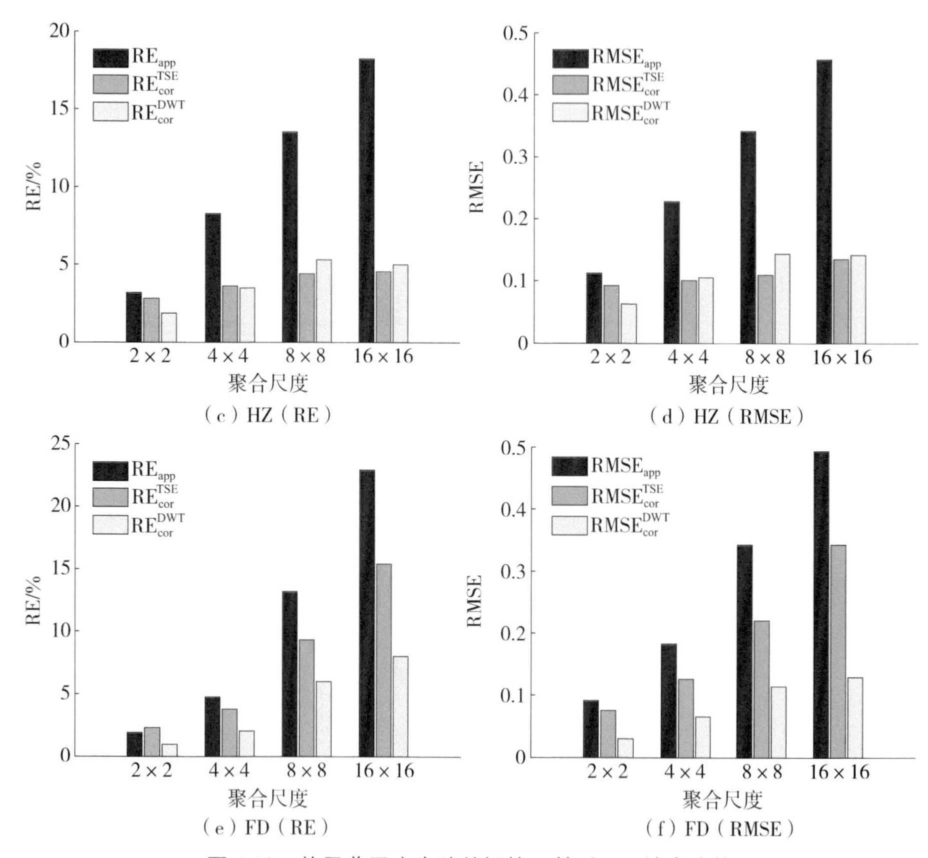

（c）HZ（RE）

（d）HZ（RMSE）

（e）FD（RE）

（f）FD（RMSE）

图 4.13　使用非同步先验数据校正前后 LAI 精度比较

从图 4.13 可以看出在 FD 样区尺度误差造成的 RE 为 15.42 %，经基于 DWT 的尺度转换模型校正后降低至 7.97 %，而基于 TSE 的尺度转换模型误差校正的结果则略逊一筹。纵观 3 个样区的结果，当无法获取同步小尺度先验数据时，在所有聚合尺度上基于 DWT 的尺度转换模型大多数情况下的效果比基于 TSE 的算法更好。

如上所述，基于 TSE 的尺度转换模型是从严格的数学公式导出的，其中地表参数的方差是作为尺度误差校正项的输入值。同步小尺度数据不可用时，需要将不同步小尺度数据得到的方差替代作为输入值，当非同步数据与相应的同步数据的方差相近时，基于 TSE 的算法能得到较高的尺度转换精度，而当非同步数据与相应的同步数据方差差距较大时，基于 TSE 的算法将引起难以估计的错误。这可能是基于 TSE 的尺度转换算法在没有同步高分辨率数据支持的情况下校正效果不太稳定的原因。相比之下，与没有同步高分辨率数据支持的情况下，在 3 个样区基于 DWT 的尺度转换模型校正的 LAI 在大多数情况下仍呈现出较大的改进，在 FD 样区 16×16 的聚合尺度下，RE 可以从 22.98 % 降到 7.97 %，校正后 RMSE 也从 0.49 降到 0.13。

4.5 本章小结

本章基于二进制离散小波变换理论以及多分辨率分析的特性，探讨小波变换在尺度转换中的应用可行性，通过模拟数据像元聚合，分别选择 VALERI 数据库中的 ZB、HZ、FD 这 3 个不同空间异质性的样区作为试验区域，对叶面积指数在 4 个不同聚合尺度下遥感反演的尺度效应以及尺度误差与小波分解系数之间的关系进行分析。结果表明，尺度效应与空间异质性程度呈现正相关，并且随着聚合尺度的增大，尺度效应越发显著，异质性最大的样区 FD 在聚合尺度 16×16 时的尺度效应可高达 22.98 % 样区。在 3 个不同异质性的样区的 4 个聚合尺度下，尺度误差率 R_{bias} 与细节损失率 $R_{detlost}$ 均存在高度相关的幂律关系，从而可以确定尺度转换模型的系数。为验证该尺度转换模型空间尺度误差校正精度，本研究分别对 2 种不同情况下进行比较分析：其一，有同步先验小尺度数据支持的尺度转换；其二，无同步先验小尺度数据支持，用非同步先验小尺度数据替代的尺度转换。

结果表明，当存在同步的先验小尺度数据时，所提出的基于 DWT 的尺度转换模型能够达到与基于 TSE 尺度转换模型相当的效果，尺度误差造成的 RE 和 RMSE 在所有聚合尺度下均大大降低。以 FD 样区 16×16 聚合尺度为例，基于 DWT 的尺度转换模型能够将 RE 从 13.54 % 降低到 3.47 %，RMSE 从 0.36 降低到 0.09；而当用非同步先验小尺度数据替代同步先验小尺度数据时，基于 TSE 的尺度转换模型未能达到令人满意的效果，仅能将 RE 和 RMSE 降低到 15.42 % 和 0.34，与之相比，基于 DWT 的尺度转换模型仍能有效地降低 RE 和 RMSE，分别从 22.98 %、0.49 降低到 7.97 % 和 0.13，基本可以满足大尺度 LAI 的精度需求。通过将基于 TSE 和 DWT 的尺度转换模型在 4 个不同的聚合尺度上的表现进行全面比较，当使用非同步小尺度先验数据替代时，在所有聚合尺度上基于 DWT 的算法的效果大多数情况下要优于基于 TSE 的算法。虽然基于二进制离散小波变换的尺度转换模型仍一定程度上依赖于小尺度先验数据，但它不受限于反演函数是否连续可导，也不受限于反演函数的输入变量的数量约束，在实用性上还是有很大的优势，为解决尺度转换问题提供一个新的思路。

5

基于计算几何的尺度转换方法

传统尺度转换模型受限于反演函数的特性限制，并且尺度转换精度高度依赖同步先验小尺度数据的支持，当同步小尺度数据无法获取时，无法进行有效的尺度转换。尽管基于计算几何的尺度转换模型在很多年前就已经被提出，该模型依据计算几何学中的凸包理论，利用反演函数的上下包络线的线性组合来实现空间尺度转换，能够满足非线性、非连续反演函数尺度转换的需要，但由于该模型假设地表参数均匀分布，简单地将上下包络线的权重系数均设置为1/2，从而导致该方法与实际观测值的分布存在明显偏差，使得该模型的实际应用效果不够理想。基于对上述情况的考虑，本章将重点研究如何充分考虑地面观测值的实际分布，合理地确定尺度转换模型的权重系数，克服传统方法的缺陷，有效提升尺度校正的精度，在此基础上建立一个通用性广、精度高的尺度转换模型。

5.1 计算几何原理概述

计算几何（Computational Geometry）是计算机理论科学的一个重要分支，最早由 PREPARATA 和 SHAMOS 于 1975 年第 1 次提出，主要研究解决产生于点、线段、多边形以及多面体等基本几何物体的相关问题（1975）。已有研究表明，基于计算几何的凸包理论为得到大尺度真值提供契机。

如果存在一个平面点集 Q，有任意两点 $p_1, p_2 \in Q$，它们组成的线段完全位于该点集 Q 中，即 $tp_1+(1-t)p_2 \in Q$ 且 $t \in [0, 1]$，则称 Q 为凸集。相应的对于一个平面点集 Q，包含所有 Q 的集合中的最小凸多边形称作凸包，即它是包含点集 Q 的所有凸集的交。在二维空间中，凸包可以想象成一条刚好包围所有点的橡皮圈。图 5.1（a）中由 6 个顶点所构成的多边形就是点集 Q 的凸包。

沿着凸包的沿线可以确定 2 条不同的曲线，即上包络线（Upper Envelope）和下包络线（Lower Envelope）。上包络线就是从最左端顶点 p_1 出发，沿着凸包顺时针行进到最右端顶点 p_n 之间的那段曲线；下包络线即为从最右端顶点 p_n 沿着凸包顺时针行进到最左端顶点 p_1 之间的那段曲线，如图 5.1（b）所示。

凸包是一个计算几何中的概念，是计算几何中最普遍、最基本的一种结构，源于计算几何中的凸集理论。凸包问题不仅是实际应用的中心问题之一，而且也是求解计算几何中提出的许多问题的工具。近 50 年来，对于凸包问题尤其是其中的平面点集凸包的计算已进行广泛的研究，在遥感研究领域，凸包的包络线广泛应用于高光谱影像分类（王霄鹏 等，2015；RODGER et al.，2012；YOUNGENTOB et al.，2011）。

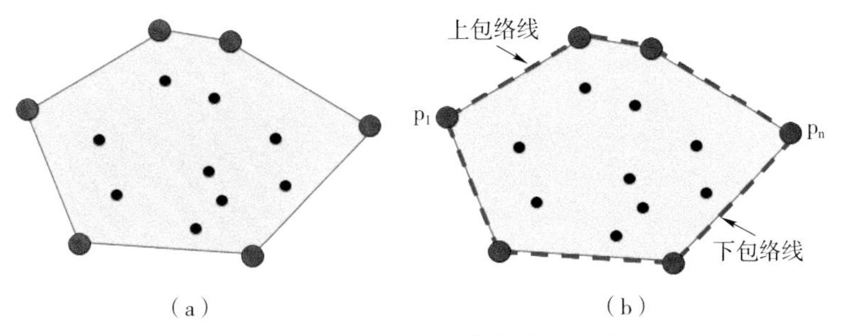

图 5.1　凸包以及上下包络线示意图

5.2 基于计算几何的尺度转换模型改进

5.2.1 基于计算几何的尺度转换模型原理

根据计算几何学中的凸包理论，无论地表 NDVI 值在空间域 D 内如何分布，下列的公式恒成立（RAFFY，1992）：

$$\bar{F} \in \left[F_{\vee}\left(\overline{NDVI}\right),\ F^{\wedge}\left(\overline{NDVI}\right) \right] \tag{5.1}$$

式中，F 为小尺度上建立的 LAI 反演函数，$\overline{NDVI}$是大尺度像元对应的 NDVI 均值，$\overline{NDVI} \in D$，$F_{\vee}$是反演函数F在空间域所对应的下包络线，$F^{\wedge}$是反演函数 F 在空间域所对应的上包络线，无论地表 NDVI 值如何分布，$\bar{F}$值总是在上包络线$F^{\wedge}\left(\overline{NDVI}\right)$和下包络线$F_{\vee}\left(\overline{NDVI}\right)$所确定的范围内变化，那么$F^{\wedge}\left(\overline{NDVI}\right) - F_{\vee}\left(\overline{NDVI}\right)$必将是尺度转换的最大误差值（RAFFY，1992；吴骅 等，2009）。上下包络线的确定依赖于反演函数的类型以及空间域的范围，定义域是简单通过植被指数值的分布来确定的，因此，空间异质性越大，定义域也就越宽。上下包络线在遥感中的应用关键在于上下包络线函数的确定。以连续和不连续 2 种类型的反演函数为例，绘制出对应的凸包以及上、下包络线示意图（图 5.2）。

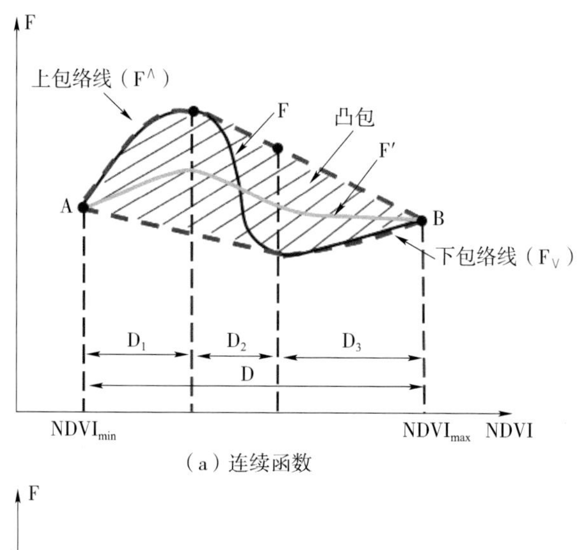

（a）连续函数

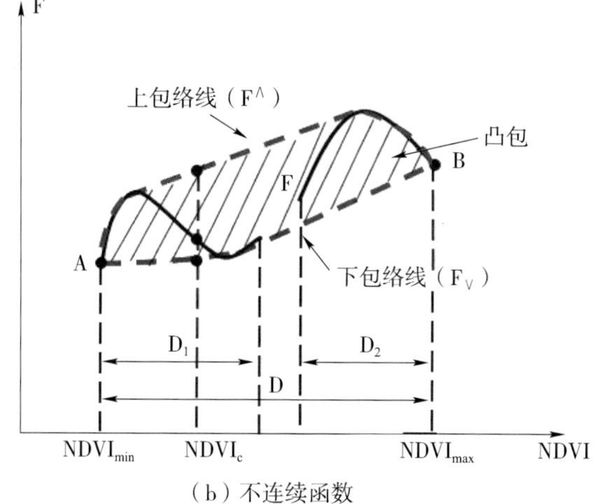

（b）不连续函数

图 5.2　连续与非连续反演函数的凸包以及上下包络线示意图（RAFFY，1992）

图 5.2 中，空间域 D=［$NDVI_{min}$，$NDVI_{max}$］；$F^{\wedge}$、$F_{\vee}$分别代表反演函数 F 的上下包络线函数，可以从反演函数求得，上包络线 $F^{\wedge}$可以看出是一条有弹性的曲线从上面把函数 F 包裹起来，而下包络线 $F_{\vee}$则是从下方把函数 F 包裹起来；虚线区域代表反演函数所构成的凸包，表示根据 NDVI 的分布对应的所有可能的 LAI 反演值，上、下包络线通常是由 NDVI 的空间域的范围决定的。如图 5.2（a）所示，当 NDVI∈D_1 时，$F^{\wedge}$=F，此时上包络线与反演函数曲线重合；当 NDVI∈（$D_1 \cup D_2$）时，下包络线 $F_{\vee}$可表示为线性函数；当 NDVI∈（$D_2 \cup D_3$）时，上包络线 $F^{\wedge}$也可表示为线性函数；当 NDVI∈D_3 时，$F_{\vee}$=F，此时下包络线与反演函数曲线重合。图 5.2（b）所示，D_1 和 D_2 分别为不连续函数分别对应的空间域。正如图中所示，无论反演函数是连续还是非连续的均

可建立对应的上下包络线函数用于尺度转换。

当地表均一时，即所有像元的 NDVI 值一致时，此时 LAI_D 和 LAI_L 之间存在的误差为零；对于线性函数 F，上下包络线均与反演函数重合，有$F \equiv F^{\wedge} \equiv F_{\vee}$，同样也会使得 LAI_D 和 LAI_L 之间的误差为零。总体说来，当地表均质或者反演函数为线性时不存在尺度效应。$F^{\wedge}$和 $F_{\vee}$之间的差值是 LAI_D 和 LAI_L 之间的最大误差。基于计算几何的尺度转换模型虽然不像基于泰勒级数展开的尺度转换模型那样能明确将反演函数的非线性程度和遥感观测数据的非均一性同估算的尺度效应直接挂钩，但是它仍旧可以从一个侧面反映出两者对尺度转换的综合影响。

在无法获得像元反射率的空间分布情况的前提下，RAFFY（1992）假设遥感反演得到的大尺度产品均匀分布在上下包络线之间［如图 5.2（a）中的 F′］，认为取上下包络线的均值能够在一定程度上降低尺度误差，因此他建立如下尺度转换模型（1992）：

$$LAI_{cor}^{CGM} = \frac{1}{2}\left[F_{\vee}\left(\overline{NDVI}\right) + F^{\wedge}\left(\overline{NDVI}\right)\right] \tag{5.2}$$

但有研究表明，采用包络线的均值来进行尺度转换的效果并不理想，校正精度低，在某些特殊情况下，校正后的叶面积指数反演值甚至还不如校正前的精度高，这很可能主要还是因为未考虑样区地表参数的实际分布情况，而仅仅假设其为均匀分布造成的（吴骅 等，2009）。基于上述原因，假设在未知地表参数观测值的分布情况下，遥感反演值会随着观测值的分布差异，以一定的权重分布在上下包络线之间。改进后的基于权重包络的尺度转换模型表达如下（吴骅，2010）：

$$LAI_{cor}^{ICGM} = a \times F^{\wedge}\left(\overline{NDVI}\right) + b \times F_{\vee}\left(\overline{NDVI}\right) \tag{5.3}$$

式中，a 和 b 分别是上下包络线的权重系数，并且满足 $a, b \in [0, 1]$ 以及 $a+b=1$。现有研究中，对上下包络线的权重系数采用随机采样法的方式获得部分的大尺度像元作为先验知识，结合理论真值和上下包络的关系，使用带约束条件（$a, b \in [0, 1]$，$a+b=1$）的最小二乘估算权重系数 a 和 b，而这种权重系数的取值与样本的选择关系密切（吴骅，2010）。很显然，改进基于 CGM 尺度转换模型的关键就在于如何获取最合适的权重系数使得尺度转换的精度最高。

5.2.2 上下包络线权重系数的确定

仍然选择 VALERI 数据库中的 ZB、HZ 和 FD 3 个样区，考虑到上下包络线权重系数的确定将需要从多个聚合尺度权重系数的变化规律中得到，因此，这部分工作所需要的数据必须能满足上推至多个尺度的聚合要求，为保证结果分析有足够的数据量，选择 Landsat 7 ETM+ 影像（分辨率 30 m）作为这部分研究的试验数据，具体数据情况如表 5.1 所示。

表 5.1 3 个样区 ETM+ 影像情况

<table>
<tr><th>样区代码</th><th>国家</th><th>地面采样时间</th><th>ETM+ 影像过境时间</th><th>影像编号</th></tr>
<tr><td rowspan="2">ZB</td><td rowspan="2">中国</td><td rowspan="2">2002-08-08—10</td><td>2002-08-17</td><td>Ⅰ</td></tr>
<tr><td>2002-05-29</td><td>Ⅱ</td></tr>
<tr><td rowspan="2">HZ</td><td rowspan="2">摩洛哥</td><td rowspan="2">2003-03-10—14</td><td>2003-03-15</td><td>Ⅰ</td></tr>
<tr><td>2003-02-11</td><td>Ⅱ</td></tr>
<tr><td rowspan="3">FD</td><td rowspan="3">罗马尼亚</td><td rowspan="3">2001-05-09—10</td><td>2001-04-30</td><td>Ⅰ</td></tr>
<tr><td>2001-03-13</td><td>Ⅱ</td></tr>
<tr><td>2001-08-04</td><td>Ⅲ</td></tr>
</table>

为更好地分析上下包络线权重系数的变化规律，在每个样区均挑选 2 个不同时刻的无云数据（FD 样区与地面采样时间相匹配的遥感数据由于多处有云覆盖，因此专门为这个样区挑选 3 个不同时刻的影像数据）。

在所选的 Landsat 7 数据中，由于是对多时相的数据处理，因此，为避免大气对分析处理结果的影响，本章使用的是地表反射率数据，而并非大气层顶的表观反射率。与此同时，采用与地面采样时间较为相近的地表反射率数据用来确定叶面积指数的反演函数系数。在原始影像上分别截取 2 000 行 ×2 000 列的试验样区数据，空间分辨率为 30 m，其中用于权重系数分析的 2 个不同时刻的 Landsat 7 影像以及对应的 NDVI 直方图如图 5.3 所示。从图 5.3 的 NDVI 直方图比较可以看出，3 个样区 2 个不同过境时间的 Landsat 7 影像异质性的空间分布存在差异，但异质性大小（标准差）基本一致，其中 ZB 样区异质性最小，HZ 样区次之，FD 样区的异质性最大。

假设 Landsat 7（30 m 分辨率）中每个像元内的地物均一，并通过近红外和红光波段求取每个像元对应的 NDVI 值，2 个样区的 NDVI 影像地面采样点的分布以及假彩色合成如图 5.4 所示。

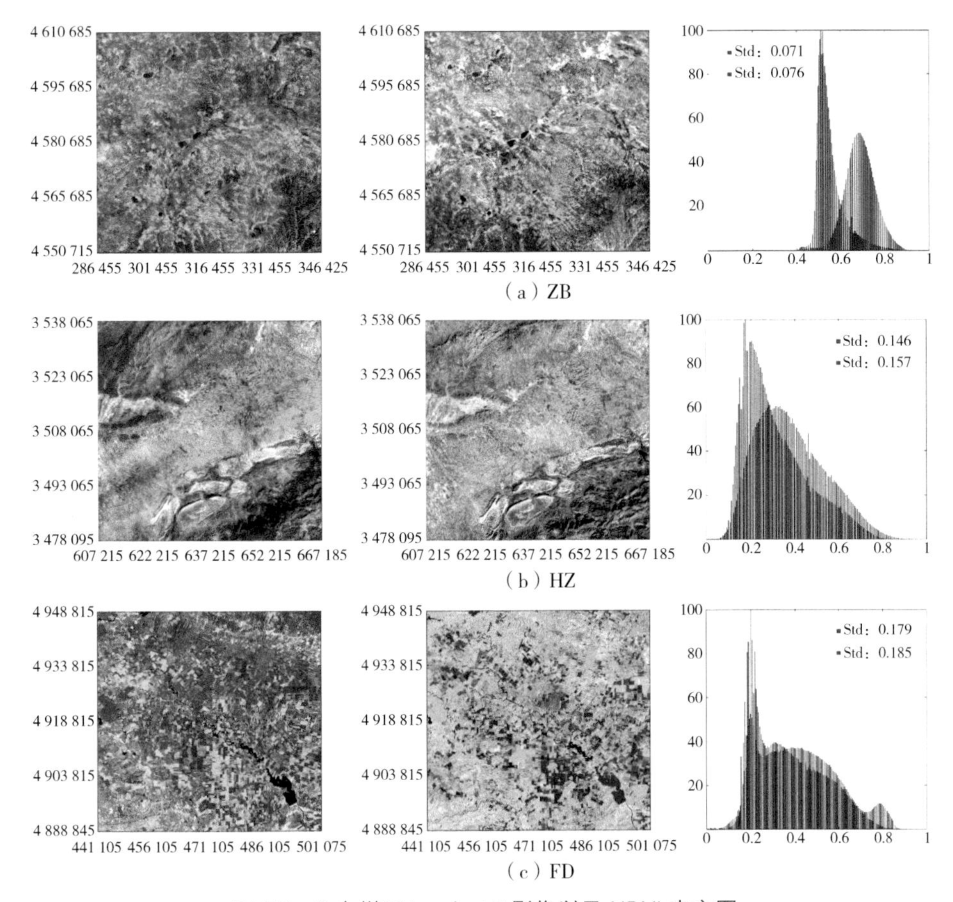

图 5.3　3 个样区 Landsat 7 影像以及 NDVI 直方图

采用回归分析的方法在像元尺度上分析样区中 NDVI 与 LAI 地面测量数据的关系，找出合理的函数关系式，为 3 个样区分别建立对应的叶面积指数估算模型。同时与第 4 章一样，忽略 NDVI 自身的尺度效应，仅考虑 NDVI 的空间异质性和反演函数非线性对 LAI 尺度效应的影响。其中，为保证拟合精度，首先剔除影像中被云污染的采样点，然后将 NDVI 标准差低于 0.05 的点也从采样点中剔除，图 5.4 中标记为白色的采样点即为反演函数拟合过程中舍去的采样点。

在对多种类型反演函数的精度进行比较之后，选择建立代表 NDVI 和 LAI 之间的指数关系函数，主要是因为相比之下它具有比其他类型函数更高的拟合精度，具体形式为（VAN WIJK and WILLIAMS，2005；FAN et al.，2009）：

$$\mathrm{LAI} = m \times e^{n \times \mathrm{NDVI}} \tag{5.4}$$

式中，m 和 n 分别是反演函数的系数，取决于所选样区的特点。因为这个反演函数仅用于研究分析由反演函数的非线性和空间异质性造成的叶面积指数的尺度误差，所以在这不深入讨论反演函数的准确性和适用性。

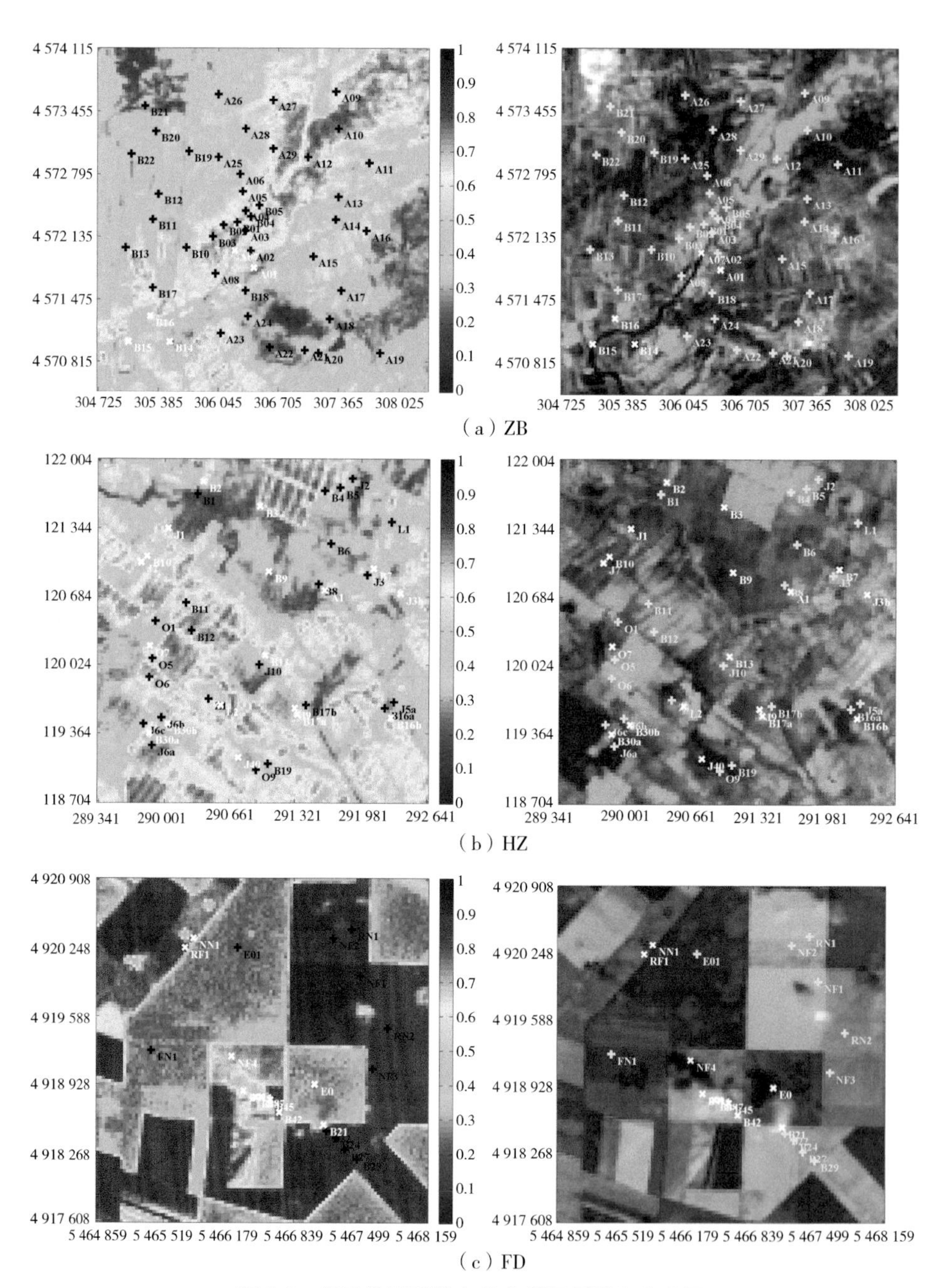

（a）ZB

（b）HZ

（c）FD

图 5.4　样区地面采样点分布以及假彩色合成图

图 5.5 即为 3 个样区的 LAI 反演函数示意图，从图中可以看出，比较 3 个样区 LAI 反演函数的非线性程度，FD 样区非线性程度最低，ZB 样区次之，HZ 样区的非线性程度最高。

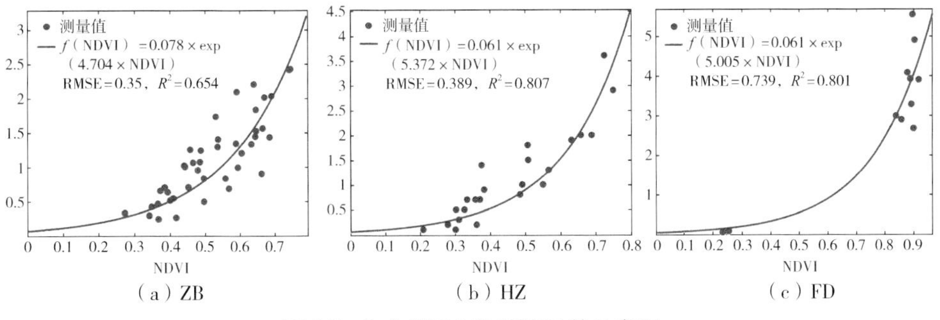

图 5.5　3 个样区 LAI 反演函数示意图

将小尺度像元聚合为大尺度像元拟合的方式来寻找权重系数值的变化规律，将 30 m 分辨率的 NDVI 值分别采用 6 组不同大小的聚合尺度，即以 2×2、5×5、10×10、20×20、25×25、40×40 个像元聚合上推到 6 个不同尺度，分别得到分辨率为 60 m、150 m、300 m、600 m、750 m、1 200 m 的模拟 NDVI 数据。按照图 3.1 的 2 种不同聚合方式，将 30 m 分辨率各像元的 NDVI 值代入式（5.4），得到 30 m 尺度遥感 LAI 反演影像，以该影像作为小尺度的参考影像，同样通过 2×2、5×5、10×10、20×20、25×25、40×40 个像元聚合进行尺度上推，将得到 6 个不同尺度上的 LAI 反演真值以及 NDVI 的聚合值：

$$\mathrm{LAI_D} = \frac{1}{N}\sum_{i=1}^{N}\mathrm{LAI}_i = \frac{1}{N}\sum_{i=1}^{N} f\left(\mathrm{NDVI}_i\right) \tag{5.5}$$

$$\overline{\mathrm{NDVI}} = \frac{1}{N}\sum_{i=1}^{N}\mathrm{NDVI}_i \tag{5.6}$$

式中，N 代表小尺度数据按照一定尺度大小聚合后样区的像元总数；NDVI_i 是 30 m 分辨率各像元对应的 NDVI 值，$\mathrm{LAI_D}$ 为先反演后聚合得到的大尺度的 LAI 理论真值；$\overline{\mathrm{NDVI}}$是大尺度像元对应的 NDVI 平均值，即由 30 m 分辨率的像元 NDVI 值按照 N 个像元聚合得到的平均值。将不同尺度上的$\overline{\mathrm{NDVI}}$分别代入 $F^{\wedge}$以及 $F_{\vee}$中可以得到对应尺度上像元的上下包络值，将聚合尺度上各像元逐个按照式（5.5）和式（5.6）计算得到对应的 $\mathrm{LAI_D}$、$F^{\wedge}$以及 $F_{\vee}$值并代入式（5.3）中，然后利用基于最小二乘数学的线性回归方法即可率定出式

（5.3）中的校正回归系数 a 和 b。对于上述 6 个聚合尺度在 3 个样区得到的权重系数 a 和 b 的结果如表 5.2 所示。

表 5.2　尺度转换模型权重系数的取值情况

样区代码	影像编号	权重系数	不同聚合尺度下的权重系数值						平均值
			2×2	5×5	10×10	20×20	25×25	40×40	
ZB	Ⅰ	a	0.24	0.24	0.23	0.21	0.22	0.21	0.23
		b	0.76	0.76	0.77	0.79	0.78	0.79	0.77
	Ⅱ	a	0.17	0.19	0.19	0.18	0.17	0.16	0.18
		b	0.83	0.81	0.81	0.82	0.83	0.84	0.82
HZ	Ⅰ	a	0.23	0.21	0.22	0.22	0.22	0.22	0.22
		b	0.77	0.79	0.78	0.78	0.78	0.78	0.78
	Ⅱ	a	0.23	0.21	0.21	0.22	0.22	0.22	0.22
		b	0.77	0.79	0.79	0.78	0.78	0.78	0.78
FD	Ⅱ	a	0.23	0.19	0.18	0.17	0.18	0.18	0.19
		b	0.77	0.81	0.82	0.83	0.82	0.82	0.81
	Ⅲ	a	0.22	0.19	0.18	0.17	0.18	0.18	0.19
		b	0.78	0.81	0.82	0.83	0.82	0.82	0.81

从表 5.2 可以看出，在 6 个聚合尺度下，3 个样区的权重系数 a 的值总体低于 b 的取值，说明反演真值的分布更偏向下包络线，随着聚合尺度的增大，混合像元增多，空间异质性不断增大，但 3 个样区权重系数的取值变化甚微，一定程度上说明权重系数的取值对样区方差的变化并不敏感，主要还是与反演函数的非线性程度和所选择的样区数据密切相关。从图 5.5 中可以看出，3 个样区的反演函数系数相差不大，而 HZ 与 FD 样区 2 个时刻的影像得到的权重系数平均值完全一样，有可能是由于样区不同时刻的影像拥有相同的反演函数，而且 2 个时刻样区内 NDVI 的分布范围也基本一致造成的。

5.3　空间尺度转换结果分析与比较

为比较不同的权重系数选取方式对尺度转换模型精度的影响，将 3 个样区的权重系数 a 按照最大值（A 组）、最小值（B 组）以及平均值（C 组）

（表 5.2）分别选取 3 组权重系数，代入尺度转换模型（5.3）中，分别建立 A、B、C 3 组不同的尺度转换模型。同时，为验证尺度转换模型的表现，将这 3 组尺度转换模型与基于泰勒级数展开式的传统尺度转换模型、改进前的基于计算几何的尺度转换模型进行尺度纠正精度比较。LAI_{cor}^{TSE} 为采用基于 TSE 尺度转换模型校正后的 LAI，LAI_{cor}^{CGM} 为采用传统的基于 CGM 尺度转换模型校正后的 LAI，LAI_{cor}^{ICGM} 为采用改进后的基于 ICGM 尺度转换模型校正后的 LAI，其中 LAI_{cor}^{ICGM} 按照所使用的权重系数 a 和 b 的分组，又细分成 3 类：LAI_{cor}^{ICGM}（A）为采用 6 个不同聚合尺度中拟合得到的系数最大值作为尺度转换模型的权重系数；LAI_{cor}^{ICGM}（B）为采用 6 个不同聚合尺度中拟合得到的系数最小值作为尺度转换模型的权重系数；LAI_{cor}^{ICGM}（C）为采用 6 个不同聚合尺度中拟合得到的系数的平均值作为尺度转换模型的权重系数。

以 5×5、40×40 个像元聚合尺度，3 个样区的编号 I 影像为例，综合比较上述 5 种尺度转换模型的表现，这里，为准确评价尺度转换的精度，同样采用第 4 章中定义的 RE 和 RMSE 作为评价指标来分析尺度转换的精度。

从图 5.6、图 5.7 和图 5.8 中可以看出，由于使用的是指数反演函数，而指数模型的凹函数特性会造成大尺度直接估算（先聚合后反演）的 LAI 遥感反演值偏低，这与 RAFFY 提出的观点相符（RAFFY，1992）。随着聚合尺度的增大，地表异质性增大，3 个样区的尺度效应的 RE 和 RMSE 也随之呈现上升趋势。以 FD 样区为例，未经过尺度转换模型改正前，在较小的聚合尺度 5×5 上，空间异质性还较小，大尺度估算值存在至少 5.6 % 的相对反演误差。当聚合尺度进一步增大时，空间异质性也随之增大，当聚合尺度达到 40×40 时，大尺度直接估算的相对反演误差将高达 19.62 %。虽然从反演函数示意图（图 5.5）中看到，FD 样区反演函数的非线性程度低于其他 2 个样区，但该样区的尺度效应整体上也始终高于其他 2 个样区，从一定程度上可以印证空间异质性是空间尺度效应主导因素这个观点。

基于 TSE 的尺度转换模型采用严格的数学推导得到的尺度误差纠正项并结合小尺度数据的支持，基于 ICGM 的尺度转换模型采用最小二乘法推导得到的权重系数。这 2 种尺度转换模型在尺度转换后的 LAI 值能大致集中分布在 LAI 理论真值的两侧，尺度转换前大尺度估算的 LAI 同小尺度先反演后聚合的 LAI 相比较，均方根误差为和相对误差均明显下降，较好地消除 LAI 反演的尺度效应，得到大尺度精度更高的 LAI 反演值。而基于传统 CGM 的尺度转换模型由于简单地将权重系数设置为 1/2，在 3 个样区中均出现过纠正的结果。

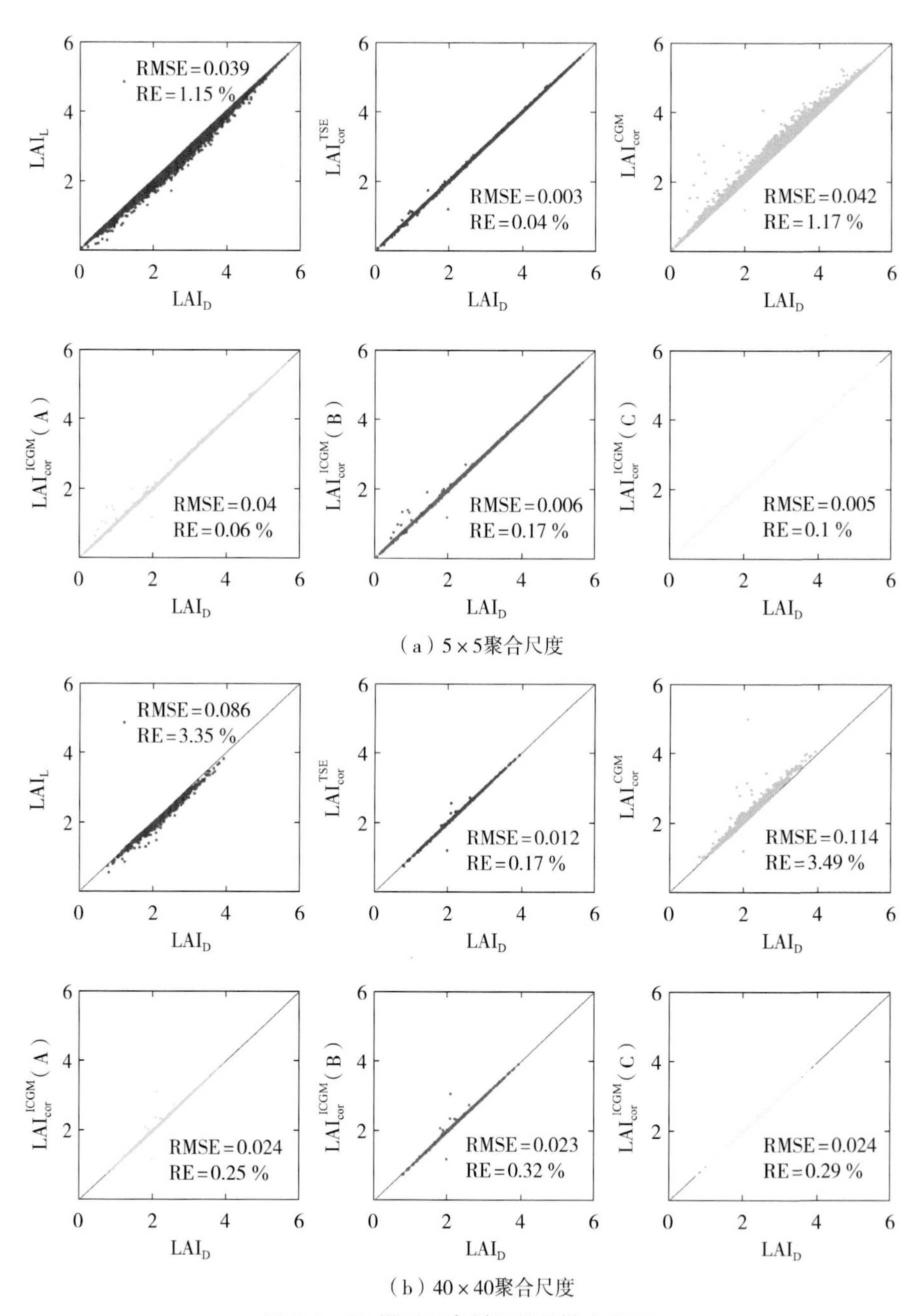

图 5.6　ZB 样区尺度纠正前后散点关系

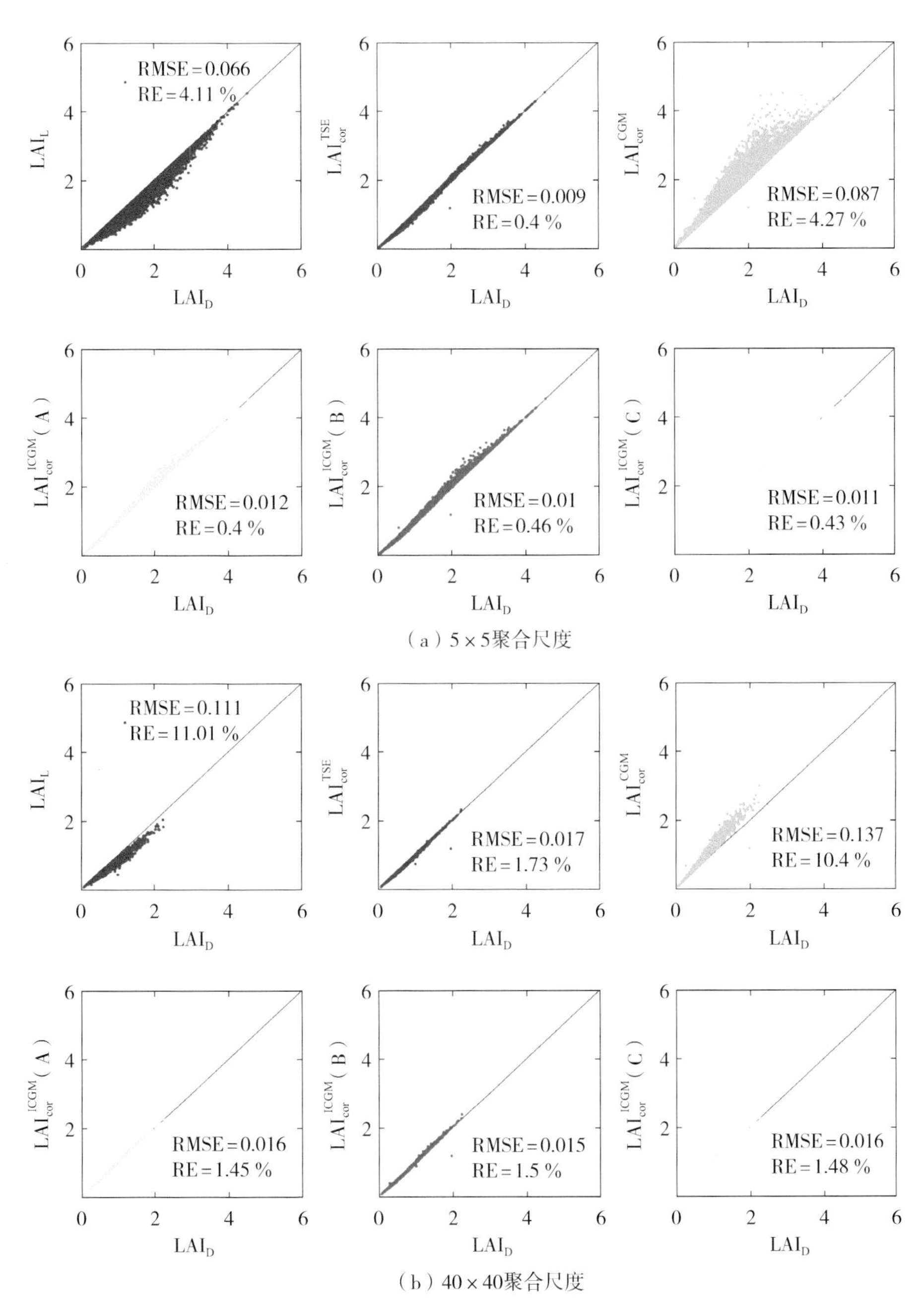

（a）5×5聚合尺度

（b）40×40聚合尺度

图 5.7　HZ 样区尺度纠正前后散点关系

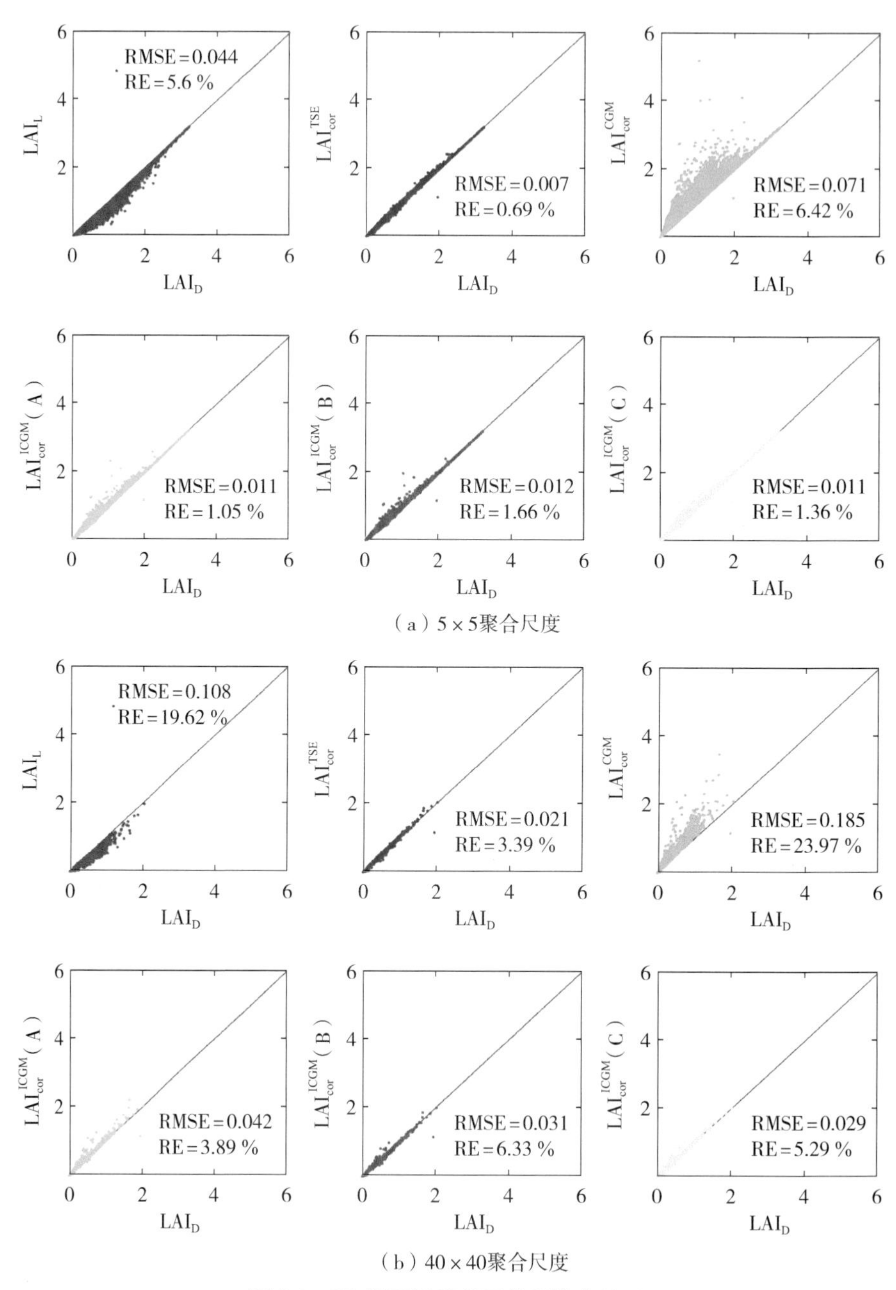

（a）5×5聚合尺度

（b）40×40聚合尺度

图 5.8　FD 样区尺度纠正前后散点关系

以下以 HZ 样区为例，通过该样区影像Ⅰ以及影像Ⅱ尺度转换前后的 RE 和 RMSE 对各个尺度转换模型的表现进行综合比较（图 5.9）。

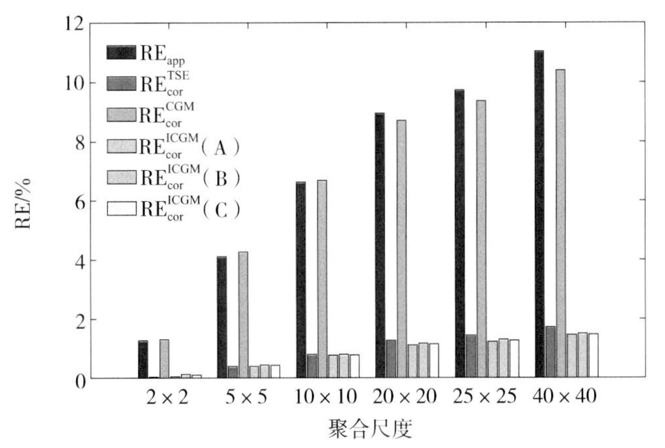

（a）HZ样区影像Ⅰ（RE）

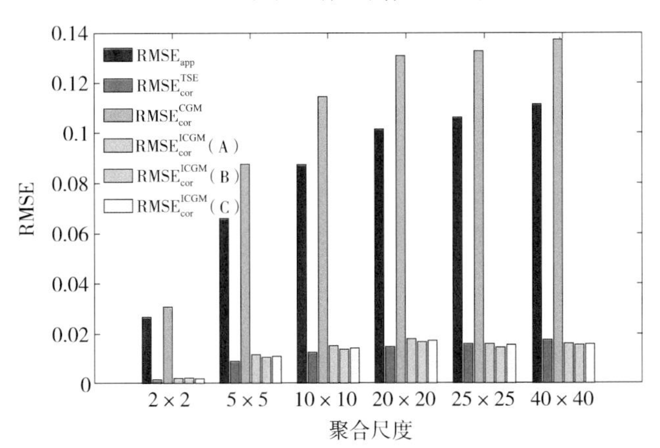

（b）HZ样区影像Ⅰ（RMSE）

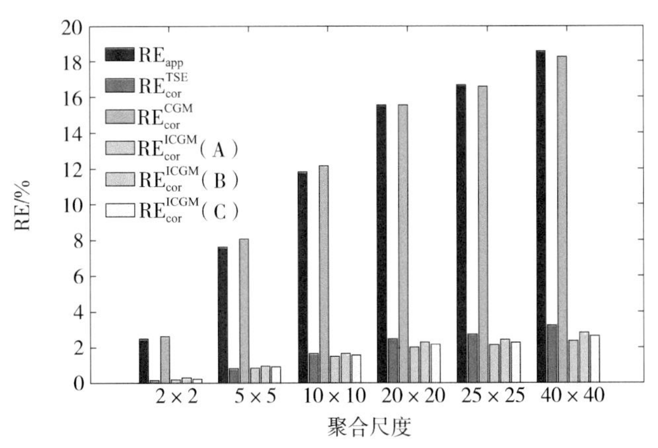

（c）HZ样区影像Ⅱ（RE）

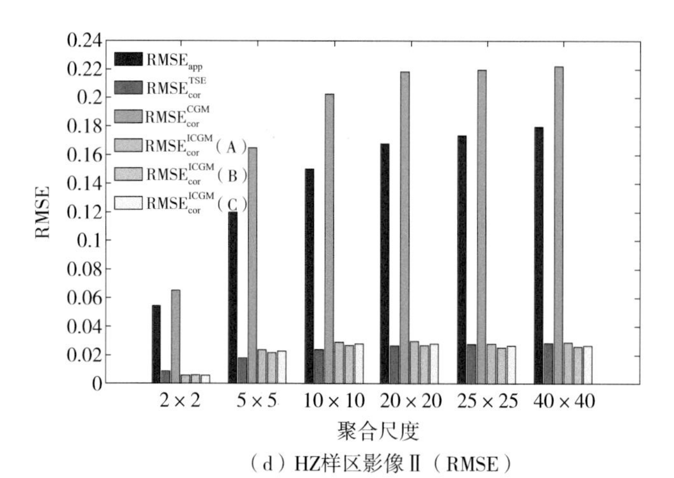

（d）HZ样区影像Ⅱ（RMSE）

图 5.9　HZ 样区 6 个聚合尺度转换前后精度比较

从 HZ 样区的尺度转换结果来看，传统的基于 CGM 的尺度转换模型均出现过度校正，而基于 TSE 与基于 ICGM 的尺度转换模型比较之下，在影像Ⅰ和Ⅱ中，聚合尺度越大，基于 ICGM 的尺度转换模型优势越明显，在 20×20 及以上的聚合尺度上，纠正后的 RE 均低于基于 TSE 的尺度转换模型，RMSE 均与基于 TSE 的尺度转换模型持平或是优于它的表现。

3 个样区共 6 景影像在 6 个不同聚合尺度得到尺度转换结果如表 5.3 所示。

表 5.3　尺度纠正前后 LAI 反演的相对误差结果统计　　单位：%

样区代码	影像编号	名目	不同聚合尺度下的相对误差值					
			2×2	5×5	10×10	20×20	25×25	40×40
ZB	Ⅰ	纠正前	0.37	1.15	1.86	2.62	2.85	3.35
		TSE	0.01	0.04	0.08	0.12	0.13	0.17
		CGM	0.37	1.17	1.90	2.70	2.94	3.49
		ICGM（A）	0.01	0.06	0.12	0.19	0.21	0.25
		ICGM（B）	0.05	0.17	0.26	0.35	0.39	0.32
		ICGM（C）	0.03	0.10	0.17	0.24	0.28	0.29
	Ⅱ	纠正前	0.53	1.58	2.47	3.31	3.56	4.02
		TSE	0.04	0.18	0.33	0.55	0.64	0.83
		CGM	0.68	1.90	2.93	4.00	4.34	4.99
		ICGM（A）	0.12	0.38	0.69	1.04	1.17	1.40

续表

样区代码	影像编号	名目	不同聚合尺度下的相对误差值					
			2×2	5×5	10×10	20×20	25×25	40×40
ZB	Ⅱ	ICGM（B）	0.19	0.66	1.08	1.42	1.54	1.61
		ICGM（C）	0.15	0.52	0.87	1.21	1.35	1.53
HZ	Ⅰ	纠正前	1.26	4.11	6.62	8.97	9.70	11.01
		TSE	0.05	0.40	0.81	1.29	1.43	1.73
		CGM	1.32	4.27	6.66	8.70	9.34	10.40
		ICGM（A）	0.06	0.40	0.76	1.12	1.23	1.45
		ICGM（B）	0.13	0.46	0.82	1.19	1.31	1.50
		ICGM（C）	0.10	0.43	0.79	1.15	1.26	1.48
	Ⅱ	纠正前	2.49	7.62	11.81	15.54	16.63	18.54
		TSE	0.12	0.84	1.62	2.47	2.73	3.19
		CGM	2.65	8.06	12.17	15.54	16.55	18.24
		ICGM（A）	0.17	0.84	1.48	2.00	2.12	2.36
		ICGM（B）	0.29	0.94	1.63	2.29	2.45	2.81
		ICGM（C）	0.22	0.89	1.53	2.13	2.28	2.63
FD	Ⅱ	纠正前	1.78	5.60	9.67	14.74	16.31	19.62
		TSE	0.08	0.69	1.52	2.58	2.88	3.39
		CGM	1.94	6.42	11.28	17.57	19.64	23.97
		ICGM（A）	0.23	1.05	2.07	3.16	3.63	3.89
		ICGM（B）	0.53	1.66	2.93	4.63	5.16	6.33
		ICGM（C）	0.41	1.36	2.50	3.95	4.40	5.29
	Ⅲ	纠正前	1.44	4.85	8.63	13.74	15.55	19.21
		TSE	0.06	0.56	1.29	2.35	2.71	3.40
		CGM	1.55	5.42	9.70	15.59	17.63	21.88
		ICGM（A）	0.15	0.68	1.41	2.47	2.75	3.34
		ICGM（B）	0.39	1.45	2.56	3.74	4.00	4.11
		ICGM（C）	0.30	1.02	1.78	2.72	2.90	3.41

从表 5.3 中可以看到，在 ZB 样区，虽然在 6 个聚合尺度上纠正精度均低于基于 TSE 的尺度转换模型，但在 40×40 聚合尺度上，基于 ICGM 的尺度转

换模型仍能将 3.35 % 的相对误差降低到 0.25 %；在 HZ 样区，在 10×10 及更大聚合尺度上，基于 ICGM 的尺度转换模型的整体纠正精度均高于基于 TSE 的尺度转换模型；在 FD 样区，在 40×40 聚合尺度上，基于 ICGM 的尺度转换模型基本能达到与基于 TSE 的尺度转换模型同等的纠正精度。

同时，从整体尺度转换结果中可以很明显看出，传统的基于 CGM 的尺度转换模型由于假设反演值均匀分布在上下包络线之间，将权重系数简单地设置为常数值 1/2，在 3 个样区中的结果都显示出其过度纠正的结果。而基于 TSE 的尺度转换模型的纠正效果一如既往保持较高的精度，但前提是同步小尺度数据的存在才能准确估算出尺度误差纠正项，而反观本研究所改进的基于 ICGM 的尺度转换模型，明显优于传统的基于 CGM 的尺度转换模型，在大部分聚合尺度上能达到甚至是优于基于 TSE 的尺度转换模型的纠正精度，因此，可以在一定程度上摆脱对小尺度数据的依赖，只需要自身继续上推到大尺度通过回归拟合出尺度转换模型的权重系数。对于选择不同权重系数的 ICGM 模型，权重系数在选择最大值、最小值与平均值时的纠正精度并未呈现出规律性的结果，这表明权重系数对于不同尺度并不敏感。

总体而言，通过改进后的基于 ICGM 的尺度转换模型在选择 3 组不同的系数时均能很好地将大尺度直接估算的 LAI 反演值进行尺度转换，得到对应的小尺度上推反演的 LAI 理论反演真值，从而在一定程度上验证这种考虑地表参数实际分布情况的基于 ICGM 的尺度转换模型的可靠性。

5.4 本章小结

本章提出一种基于计算几何的凸包理论改进的尺度转换模型，利用多尺度上推模拟从而拟合得到一系列尺度对应的上下包络线的权重系数，构建反演函数上下包络的线性组合来实现大尺度反演真值的获取。真值获取的过程中一定程度上摆脱对小尺度数据的依赖，通过数据进一步上推模拟得到的多尺度的数据就可以拟合出权重系数。此外，该方法适用各种类型的遥感反演函数，无论反演函数是否连续可导，摆脱对反演函数的要求限制，大大降低遥感产品像元尺度真值获取的难度。

本章同样选择 VALERI 数据库中的 ZB、HZ 和 FD 3 个样区，为确保多尺度模拟的数据量，选择对应样区的 Landsat 7 ETM+ 影像作为试验影像数据，进行 6 个不同的空间聚合尺度上对比分析各类尺度转换模型的、表现。研究结果显示，考虑地面测量值的实际分布后，能够有效地估算出大尺度反演值。此外，从权重系数的分布来看，权重系数的值与样区异质性并未有很大的相关性，随着聚合尺度的增大，空间异质性也随之增大，但权重系数的变化并不明显，而在 3 个样区的 6 景影像上，权重系数的取值十分相近，经分析，由于 3 个样区的反演函数的系数较为接近，并且在 NDVI 的变化范围内反演函数近似一致，因此可以认为权重系数的取值与反演函数的关系密切，当函数关系一定时，权重系数可以近似设置成固定的常数。

6

结论

6.1 主要工作与结论

遥感产品的获取是一个复杂的过程。通常在特定尺度上建立物理或经验反演函数，利用遥感数据以及非遥感数据作为输入参数，得到对应的地表参数遥感产品。然而，由于大多数叶面积指数反演函数都是建立在小尺度地表同质的假设上，应用于较大尺度时，地类混合产生的空间异质性势必造成叶面积指数反演的空间尺度效应，影响叶面积指数产品精度的提升。本研究旨在探索不同尺度下叶面积指数的尺度效应，建立具有较少约束条件的适用于叶面积指数的空间尺度转换模型，为获取高精度的叶面积指数奠定理论基础。围绕该目标，本研究主要开展以下几方面的工作。

以空间尺度上推像元聚合过程为基础，表述空间尺度上推的 2 种不同的聚合过程，分别从单变量反演函数和双变量反演函数的角度出发，通过泰勒级数展开式推演尺度效应的定量表达式。以 10 个具有不同下垫面类型的样区真实遥感数据为例综合比对不同地表下垫面情况下的空间尺度效应分异性，深入分析单、双变量反演函数的空间尺度效应与空间异质性的协同变化规律的差异。

基于二进制离散小波变换理论以及多分辨率分析的特性，探讨小波变换在尺度转换中的应用可行性，通过模拟数据像元聚合，分别选择 3 个不同空间异质性的样区作为试验区域，对叶面积指数在 4 个不同聚合尺度下遥感反演的尺度效应以及尺度误差与小波分解系数之间的关系进行分析。结果表明，尺度效应与空间异质性程度呈现正相关，并且随着聚合尺度的增大，尺度效应越发显著。在 3 个不同异质性的样区的 4 个聚合尺度下，尺度误差率与细节损失率均存在高度相关的幂律关系，从而可以确定尺度转换模型的系数。分别在有同步先验小尺度数据以及非同步先验小尺度数据支持的 2 种不同情况下，将基于 DWT 的尺度转换模型的与基于 TSE 的尺度转换模型精度进行综合比较，结果表明当存在同步的先验小尺度数据时，所提出的基于 DWT 的尺度转换模型能够达到与基于 TSE 尺度转换模型相当的效果，尺度误差造成的 RE 和 RMSE 在所有聚合尺度下均大大降低，而当用非同步先验小尺度数据替代同步先验小尺度数据时，基于 TSE 的尺度转换模型未能达到令人满意的效果，与之相比，基于 DWT 的尺度转换模型仍能有效地降低 RE 和 RMSE，证明该尺度转换模型的有效性。

借鉴基于 CGM 的尺度转换模型的思路，构建基于 ICGM 的考虑建立动态权重系数的尺度转换模型。针对在以往研究中被忽略的地面测量值的实际分布，提出假设权重系数随样区动态变化的思路。最后，从小尺度模拟上推到一系列大尺度后，通过上下包络值最小二乘拟合出不同尺度对应的权重系数。同样利用 VALERI 数据库中的 3 个样区，在 6 个不同的空间聚合尺度上对比分析各类尺度转换模型的表现。研究结果表明，总体上，基于 ICGM 的尺度转换模型（考虑地面观测值的实际分布）表现远远超过传统的基于 CGM 的尺度转换模型（未考虑地面观测值的实际分布），并且基本能达到甚至超过基于 TSE 的尺度转换模型的纠正精度。此外，从权重系数的变化规律可以发现权重系数的取值与空间异质性相关性不大，反而与反演函数的关系密切，当反演函数关系固定时，权重系数可以近似设置成固定的常数，从而得到统一的尺度转换模型。

6.2 主要的创新点

通过泰勒级数展开式分别推导得到单、双变量反演函数的尺度效应定量化表达，进一步明确单、双变量反演函数尺度效应的来源和构成。基于不同下垫面类型的样区数据，分析空间异质性和尺度效应的变化特点，进一步印证单变量函数关于空间异质性和尺度效应的协同变化规律，同时发现双变量反演函数的尺度效应构成与单变量反演函数相比复杂得多，是由各部分之间或叠加或抵消后的结果，而且通过单变量反演函数获取的知识不能简单外推至双变量反演函数。

拓展遥感尺度转换研究的新思路，以离散小波变换为基础，利用离散小波变换的多分辨率分析的特性，通过建立尺度转换误差率与小波变换细节损失率间的联系，避开对反演函数的操作处理，解除对反演函数的要求限制，无需反演函数连续可导，并且摆脱反演函数 2 阶导数复杂计算的束缚，提高反演函数非线性程度较大时尺度误差的校正精度。通过同一区域的同步 / 非同步小尺度数据作为桥梁，拟合小波变换细节损失率到尺度转换误差率的转换系数，实现空间尺度效应误差的直接估算，消除对同步小尺度先验数据的高度依赖。

通过获取反演函数的上下包络线，建立上下包络线之间的线性组合关系，不仅摆脱对反演函数连续可导以及 2 阶导数复杂计算的束缚，还提高反演函数非线性程度较大时尺度误差的校正精度；通过多个尺度上推聚合，生成多尺度的嵌套模拟数据，从中动态地确定上下包络线的权重系数，降低对小尺度先验数据的依赖；揭示权重系数的变化规律，权重系数的取值与空间异质性相关性不大，更多取决于反演函数的非线性程度，当反演函数关系固定时，权重系数也可以基本假设不变。

6.3 存在的问题和工作展望

尽管尺度转换问题备受关注，但这方面研究进展并不大，一方面是因为几乎没有成熟的理论来指导尺度转换研究，另一方面也是受困于没有真正的多尺度数据（李小文 等，2013）。由于缺乏多尺度的实测数据，目前的尺度转换模型精度验证仍多使用模拟数据来实现。虽然现在在轨遥感卫星众多，空间尺度跨越范围大，从几米到几千米，但由于遥感数据和产品获取过程受大气传输特性、传感器性能、观测角度以及观测目标状态等众多因素影响，因此要获取相对统一的多尺度遥感数据用于尺度转换研究仍然困难重重。下一步研究将着重于如何克服实际多传感器多尺度数据差异性的影响，将实测遥感数据应用于尺度转换的综合验证。

本研究中构建的基于小波变换的尺度转换模型以及基于计算几何的尺度转换模型均只适用于地面平坦的情况，由于双变量模型尺度效应构成的复杂性，不仅包括模型非线性还包括输入变量自身的方差以及输入变量之间的协方差，只在简单的单变量反演函数上进行应用和验证。反演函数的凹凸函数特性与输入变量之间的正负相关性都会导致各部分产生的尺度效应最终叠加或抵消成总的尺度效应；其次是由于多变量反演函数包络线的求取难度大，需要大量的计算时间和特殊的优化算法，将加大尺度转换的难度，此外，对于高维包络面的处理方面仍旧存在困难。这些都在一定程度上限制其基于多变量模型的尺度转换研究的进一步深入。将本研究所创建的尺度转换模型进一步推广应用于多变量反演函数也是下一步研究的主要方向。

主要参考文献

陈健，倪绍祥，李静静，等，2006. 植被叶面积指数遥感反演的尺度效应及空间变异性［J］. 生态学报，26（5）：1502-1508.

范闻捷，盖颖颖，徐希孺，等，2013. 遥感反演离散植被有效叶面积指数的空间尺度效应［J］. 中国科学：地球科学（2）：280-286.

方秀琴，张万昌，2003. 叶面积指数（LAI）的遥感定量方法综述［J］. 国土资源遥感，15（3）：58-62.

韩鹏，龚健雅，李志林，等，2008. 遥感影像空间尺度上推方法的评价［J］. 遥感学报，12（6）：964-971.

胡少英，张万昌，2005. 黑河及汉江流域 MODIS 叶面积指数产品质量评价［J］. 遥感信息（4）：22-27.

胡云锋，徐芝英，刘越，等，2012. 空间尺度上推方法的精度评价：以内蒙古锡林郭勒盟土地利用数据为例［J］. 地理研究，31（11）：1961-1972.

黄彦，2015. 不同生育期小麦叶面积指数遥感反演对光谱和空间尺度的响应研究［D］. 南京：南京大学.

黄彦，田庆久，耿君，等，2016. 遥感反演植被理化参数的光谱和空间尺度效应［J］. 生态学报，36（3）：883-891.

李乐，宋维静，陈腊娇，等，2017. 遥感数据的高斯金字塔尺度上推方法研究［J］. 地球信息科学学报，19（5）：682-691.

李双成，蔡运龙，2005. 地理尺度转换若干问题的初步探讨［J］. 地理研究，24（1）：11-18.

李小军，辛晓洲，江涛，等，2017. 卫星遥感地表温度降尺度的光谱归一化指数法［J］. 测绘学报，46（3）：353-361.

李小文，2006. 地球表面时空多变要素的定量遥感项目综述［J］. 地球科学进展，21（8）：771-780.

李小文，王锦地，STRAHLER A H，1999. 非同温黑体表面上 Planck 定律的尺度效应［J］. 中国科学：技术科学，29（5）：422-426.

李小文，王祎婷，2013. 定量遥感尺度效应刍议［J］. 地理学报，68（9）：1163-1169.

刘良云，2014. 植被定量遥感原理与应用［M］. 北京：科学出版社 .

刘明亮，唐先明，刘纪远，等，2001. 基于 1 km 格网的空间数据尺度效应研究［J］. 遥感学报，5（3）：183-190.

刘艳，王锦地，周红敏，等，2010. 黑河中游试验区不同分辨率 LAI 数据处理、分析和尺度转换［J］. 遥感技术与应用，25（6）：805-813.

刘艳，王锦地，周红敏，等，2014. 用地面点测量数据验证 LAI 产品中的尺度转换方法［J］. 遥感学报，18（6）：1189-1198.

刘悦翠，樊良新，2004. 林业资源遥感信息的尺度问题研究［J］. 西北林学院学报，19（4）：165-169.

柳锦宝，杨华，张永福，2007. 基于尺度转折点的尺度转换方法研究［J］. 测绘科学，32（6）：123-125.

栾海军，田庆久，余涛，等，2013a. 定量遥感升尺度转换研究综述［J］. 地球科学进展，28（6）：657-664.

栾海军，田庆久，顾行发，等，2013b. 基于分形理论与 GEOEYE-1 影像的 NDVI 连续空间尺度转换模型构建及应用［J］. 红外与毫米波学报，32（6）：538-544.

吕一河，傅伯杰，2001. 生态学中的尺度及尺度转换方法［J］. 生态学报，21（12）：2096-2105.

马灵玲，2008. 遥感可反演地表参数的空间尺度效应分析及转换方法研究［D］. 北京：中国科学院研究生院 .

明冬萍，王群，杨建宇，2008. 遥感影像空间尺度特性与最佳空间分辨率选择［J］. 遥感学报，12（4）：529-537.

苏理宏，李小文，黄裕霞，2001. 遥感尺度问题研究进展［J］. 地球科学进展，16（4）：544-548.

田静，2007. 定量遥感地表通量中若干关键问题的研究［D］. 北京：中国科学院研究生院 .

田庆久，金震宇，2006. 森林叶面积指数遥感反演与空间尺度转换研究［J］. 遥感信息（4）：5-11.

万华伟，王锦地，屈永华，等，2008. 植被波谱空间尺度效应及尺度转换方法初步研究［J］. 遥感学报，12（4）：538-545.

王璐，胡月明，赵英时，等，2012. 克里格法的土壤水分遥感尺度转换［J］. 地球信息科学学报，14（4）：465-473.

王培娟，谢东辉，张佳华，等，2007. 基于过程模型的长白山自然保护区森林植被净第一性生产力空间尺度转换方法［J］. 生态学报，27（8）：3215-3223.

王祎婷，谢东辉，李小文，2014a. 构造地理要素趋势面的尺度转换普适性方法探讨［J］. 遥感学报，18（6）：1139-1146.

王祎婷，谢东辉，李亚惠，2014b. 光谱指数趋势面的城市地表温度降尺度转换［J］. 遥感学报，18（6）：1169-1181.

王霄鹏，张杰，任广波，等，2015. 基于光谱特征空间的监督分类中包络线去除效能评价［J］. 海洋科学进展，33（2）：195-206.

邬建国，2007. 景观生态学：格局、过程、尺度与等级［M］. 2 版 . 北京：高等教育出版社 .

吴骅，2010. 地表关键特征参数的尺度效应与尺度转换方法研究：以叶面积指数和地表温度为例［D］. 北京：中国科学院研究生院 .

吴骅，姜小光，习晓环，等，2009. 两种普适性尺度转换方法比较与分析研究［J］. 遥感学报，13（2）：183-189.

吴小丹，2017. 异质性地表定量遥感产品真实性检验方法研究［D］. 北京：中国科学院大学 .

辛晓洲，柳钦火，唐勇，等，2005. 用 CBERS-02 卫星和 MODIS 数据联合反演地表蒸散通量［J］. 中国科学：信息科学，35（S1）：125-140.

徐希孺，2006. 遥感物理［M］. 北京：北京大学出版社 .

徐希孺，范闻捷，陶欣，2009. 遥感反演连续植被叶面积指数的空间尺度效应［J］. 中国科学：地球科学，39（1）：79-87.

徐芝英，胡云锋，甄霖，等，2015. 基于小波的浙江省 NDVI 与自然 - 人文因子多尺度空间关联分析［J］. 地理研究，34（3）：567-577.

杨会巾，刘丽娟，马金龙，等，2016. 基于 Landsat 8 遥感影像反演干旱区净初级生产力的尺度效应［J］. 生态学杂志，35（5）：1294-1300.

姚延娟，刘强，柳钦火，等，2007. 异质性地表的叶面积指数反演的不确定性分析［J］. 遥感学报，11（6）：763-770.

曾也鲁，李静，柳钦火，2012. 全球 LAI 地面验证方法及验证数据综述［J］. 地球科学进展，27（2）：165-174.

赵静，李静，柳钦火，等，2015. 联合 HJ-1/CCD 和 Landsat 8/OLI 数据反演黑河中游叶面积指数［J］. 遥感学报，19（5）：733-749.

张颢，焦子锑，杨华，等，2002. 直方图尺度效应研究［J］. 中国科学，32（4）：307-316.

张娜，2006. 生态学中的尺度问题：内涵与分析方法［J］. 生态学报，26（7）：2340-2355.

张仁华，孙晓敏，苏红波，等，1999. 遥感及其地球表面时空多变要素的区域尺度转换［J］. 国土资源遥感，11（3）：51-58.

张仁华，田静，李召良，等，2010. 定量遥感产品真实性检验的基础与方法［J］. 中国科学（2）：211-222.

张万昌，钟山，胡少英，2008. 黑河流域叶面积指数（LAI）空间尺度转换［J］. 生态学报，28（6）：2495-2503.

周红章，于晓东，罗天宏，等，2000. 物种多样性变化格局与时空尺度［J］. 生物多样性，8（3）：325-336.

朱小华，冯晓明，赵英时，等，2010. 作物 LAI 的遥感尺度效应与误差分析［J］. 遥感学报，14（3）：579-592.

ADAB H，KANNIAH K D，BERINGER J，2016. Estimating and up-scaling fuel moisture and leaf dry matter content of a temperate humid forest using multi resolution remote sensing data［J］. Remote sensing，8（11）：961.

ANDREW M E，WULDER M A，NELSON T A，et al.，2015. Spatial data，analysis approaches，and information needs for spatial ecosystem service assessments：a review［J］. Giscience and remote sensing，52（3）：344-373.

AMOLINS K，ZHANG Y，DARE P，2007.Wavelet based image fusion techniques-an introduction，review and comparison［J］.Journal of photogrammetry and remote sensing，62（4）：249-263.

ATKINSON P M，2013. Downscaling in remote sensing［J］. International journal of applied earth observation and geoinformation，22（1）：106-114.

ATZBERGER C，DARVISHZADEH R，IMMITZER M，et al.，2015. Comparative analysis of different retrieval methods for mapping grassland leaf area index using airborne imaging spectroscopy［J］. International journal of applied earth observation and geoinformation，43：19-31.

BAI X J，ANG P X，WANG H S，et al.，2017. An up-scaled vegetation temperature condition index retrieved from landsat data with trend surface analysis［J］. IEEE Journal of selected topics in applied earth observations and remote sensing，99：1-10.

BALAGUER-BESER A, RUIZ L A, HERMOSILLA T, et al., 2013. Using semivariogram indices to analyse heterogeneity in spatial patterns in remotely sensed images [J]. Computers and geosciences, 50 (50): 115-127.

BARET F, WEISS M, ALLARD D, et al., 2008. VALERI: a network of sites and methodology for the validation of medium spatial resolution land products [J]. Remote sensing of environment, 76 (3): 36-39.

BECKER F, LI Z L, 1995.Surface temperature and emissivity at various scales: Definition, measurement and related problems [J]. Remote sensing reviews, 12 (12): 225-253.

BIERKENS M F P, FINKE P A, WILLIGEN P D, 2000.Upscaling and downscaling methods for environmental research [M]. Boston: Kluwer Academic Publishers.

BRUCE L M, MORGAN C, LARSEN S, 2001.Automated detection of subpixel hyperspectral targets with continuous and discrete wavelet transforms [J]. IEEE Transactions on geoscience and remote sensing, 39 (10): 2217-2226.

BRUNSELL N A, GILLIES R R, 2003.Scale issues in land-atmosphere interactions: implications for remote sensing of the surface energy balance [J]. Agricultural and forest meteorology, 117 (3): 203-221.

CHEN J M, 1996.Evaluation of vegetation indices and a modified simple ratio for boreal applications [J]. Canadian journal of remote sensing, 22: 229-242.

CHEN J M, 1999.Spatial scaling of a remotely sensed surface parameter by contexture-three land-atmospheric modeling experiments [J]. Remote sensing of environment, 69 (1): 30-42.

CHEN J M, BLACK T A, 1991.Measuring leaf area index of plant canopies with branch architecture [J]. Agricultural and forest meteorology, 57 (1-3): 1-12.

CHEN J M, CHEN X, JU W, 2013.Effects of vegetation heterogeneity and surface topography on spatial scaling of net primary productivity [J]. Biogeosciences, 10 (7): 4879-4896.

CHEN G X, CHENG Q M, ZUO R G, 2016a.Fractal analysis of geochemical landscapes using scaling noise model [J]. Journal of geochemical exploration, 161: 62-71.

CHEN G X, CHENG Q M, ZHANG H L, 2016b.Matched filtering method for separating magnetic anomaly using fractal model [J]. Computers and Geosciences, 90: 179-188.

COLLIANDER A，COLLINS C H，CHAE C，et al.，2017. Validation and scaling of soil moisture in a semi-arid environment：SMAP validation experiment 2015（SMAPVEX15）[J]. Remote sensing of environment，196：101-112.

ERSHADI A，MCCABE M F，EVANS J P，et al.，2013.Effects of spatial aggregation on the multi-scale estimation of evapotranspiration [J]. Remote sensing of environment，131（8）：51-62.

FLUET-CHOUINARD E，LEHNER B，REBELO L M，et al.，2015.Development of a global inundation map at high spatial resolution from topographic downscaling of coarse-scale remote sensing data [J]. Remote sensing of environment，158：348-361.

GARRIGUES S，ALLARD D，BARET F，et al.，2006a.Quantifying spatial heterogeneity at the landscape scale using variogram models [J]. Remote sensing of environment，103（1）：81-96.

GARRIGUES S，ALLARD D，BARET F，et al.，2006b.Influence of landscape spatial heterogeneity on the non-linear estimation of leaf area index from moderate spatial resolution remote sensing data [J]. Remote sensing of environment，105（4）：286-298.

HU T，LIU Q H，DU Y M，et al.，2015.Analysis of the land surface temperature scaling problem：a case study of airborne and satellite data over the heihe basin [J]. Remote sensing，7（5）：6489-6509.

HU Z，ISLAM S，1997a. A framework for analyzing and designing scale invariant remote sensing algorithms [J]. IEEE Transactions on geoscience and remote sensing，35（3）：747-755.

HU Z，ISLAM S，1997b.Effects of spatial variability on the scaling of land surface parameterizations [J]. Boundary-layer meteorology，83（3）：441-461.

HU Z，ISLAM S，1998.Multiscaling properties of soil moisture images and decomposition of large-and small-scale features using wavelet transforms [J]. International journal of remote sensing，19（13）：2451-2467.

JIN Z，TIAN Q，CHEN J M，et al.，2007.Spatial scaling between leaf area index maps of different resolutions [J]. Journal of environmental management，85（3）：628.

Jordan C F，1969. Derivation of leaf area index from quality of light on the forest floor [J]. Ecology，50：663-666.

KLOOSTERMAN E H，SCHMIDT K S，SKIDMORE A K，2004. Mapping coastal vegetation using an expert system and hyperspectral imagery [J]. Photogrammetric engineering and remote sensing，70（6）：703-716.

KUSTAS W P，NORMAN J M，2000. Evaluating the effects of subpixel heterogeneity on pixel average fluxes［J］. Remote sensing of environment，74（3）：327-342.

LAM S N，QUATTROCHI D A，1992.On the issues of scale，resolution，and fractal analysis in the mapping sciences［J］. Professional geographer，44（1）：88-98.

LIANG S L，2004.Quantitative remote sensing of land surfaces［M］. New York：Wiley-Interscience.

LOHRER A M，THRUSH S F，HEWITT J E，et al.，2015. The up-scaling of ecosystem functions in a heterogeneous world［J］. Scientific reports，5：10349.

BISQUERT M，SÁNCHEZ J M，LÓPEZ-URREA R，et al.，2016.Estimating high resolution evapotranspiration from disaggregated thermal images［J］. Remote sensing of environment，187：423-433.

MA L L，LI C R，TANG B H，et al.，2008.Impact of spatial LAI heterogeneity on estimate of directional gap fraction from SPOT-Satellite data［J］. Sensors，8（6）：3767-3779.

MAAYAR M E，CHEN J M，2006.Spatial scaling of evapotranspiration as affected by heterogeneities in vegetation，topography，and soil texture［J］. Remote sensing of environment，102（1-2）：33-51.

MANDELBROT B，1967.How long is the coast of britain? Statistical self-similarity and fractional dimension［J］. Science，156（3775）：636.

MALLAT S G，1989. A theory for multiresolution signal decomposition：The wavelet representation［J］. IEEE Computer society，11（7）：674-693.

MCCARTHY A J P，1957.The Irish national electrification scheme［J］. Geographical review，47（4）：539-554.

MOELLERING H，TOBLER W R，1972.Geographical variances［J］. Geographical analysis，4（1）：34-50.

MISHRA U，RILEY W J，2015.Scaling impacts on environmental controls and spatial heterogeneity of soil organic carbon stocks［J］. Biogeosciences discussions，12（2）：1721-1751.

PASOLLI L，ASAM S，CASTELLI M，et al.，2015.Retrieval of leaf area index in mountain grasslands in the alps from modis satellite imagery［J］. Remote sensing of environment，165：159-174.

PELGRUM H，2000. Spatial aggregation of land surface characteristics [D]. Wageningen：Wageningen University.

PERCIVAL D P，1995. On estimation of the wavelet variance [J]. Biometrika，82（3）：619-631.

PU R，CHENG J，2015.Mapping forest leaf area index using reflectance and textural information derived from WorldView-2 imagery in a mixed natural forest area in Florida，US [J]. International journal of applied earth observations and geoinformation，42（1）：11-23.

QIAO C，SUN R，CUI T，2016.Research on scale effect of vegetation net primary productivity [C]. IEEE International geoscience and remote sensing symposium，1333-1336.

QIN J，YANG K，LU N，et al.，2013.Spatial upscaling of in-situ soil moisture measurements based on MODIS-derived apparent thermal inertia [J]. Remote sensing of environment，138（6）：1-9.

QUATTROCHI D A，GOODCHILD M F，1997. Scale in remote sensing and GIS [M]. Florida：CRC Press.

RANCHIN T，WALD L，1993. The wavelet transform for the analysis of remotely sensed images [J]. International journal of remote sensing，14（3）：615-619.

RAFFY M，1992.Change of scale in models of remote sensing：A general method for spatialisation of models [J]. Remote sensing of environment，40（2）：101-112.

RAFFY M，GREGOIRE C，1998.Semi-empirical models and scaling：A least square method for remote sensing experiments [J]. International journal of remote sensing，19（13）：2527-2541.

RICHARDSON A J，WIEGAND C L，1977. Distinguishing vegetation from soil background information [J]. Photogrammetry enginerring and remote sensing，43（12）：1541-1552.

RIVARD B，FENG J，GALLIE A，et al.，2008. Continuous wavelets for the improved use of spectral libraries and hyperspectral data [J]. Remote sensing of environment，112（6）：2850-2862.

RODGER A，LAUKAMP C，HAEST M，et al.，2012.A simple quadratic method of absorption feature wavelength estimation in continuum removed spectra [J]. Remote sensing of environment，118（4）：273-283.

ROUJEAN J L，BREON F M，1995.Estimating PAR absorbed by vegetation from bidirectional reflectance measurements [J] . Remote sensing of environment，51（3）：375-384.

ROUSE J W，HAAS R H，SCHELL J A，et al.，1974. Monitoring vegetation systems in the Great Plains with ERTS [J] . NASA special publication，351：309-313.

SIMIC A，CHEN J M，LIU J，et al.，2004.Spatial scaling of net primary productivity using subpixel information [J] . Remote sensing of environment，93（1-2）：246-258.

TIAN Y，WOODCOCK C E，WANG Y，et al.，2002.Multiscale analysis and validation of the MODIS LAI product：Ⅱ. Sampling strategy [J] . Remote sensing of environment，83（3）：431-441.

TRAMONTANA G，ICHII K，CAMPS-VALLS G，et al.，2015.Uncertainty analysis of gross primary production upscaling using random forests，remote sensing and eddy covariance data [J] . Remote sensing of environment，168：360-373.

VANWIJK M T，WILLIAMS M，SHAVER G R，2005. Tight coupling between leaf area index and foliage N content in arctic plant communities [J] . Oecologia，142（3）：421-427.

VERHOEF W，1984.Light scattering by leaf layers with application to canopy reflectance modeling：The SAIL model [J] . Remote sensing of environment，16（2）：125-141.

WANG Y，XIE D，LIU S，et al.，2016.Scaling of FAPAR from the field to the satellite [J] . Remote sensing，8（4）：310.

WANG L，FAN W，XU X，et al.，2017.Scaling transform method for remotely sensed FAPAR based on FAPAR-P model [J] . IEEE Geoscience and remote sensing letters，12（4）：706-710.

WOODCOCK C E，STRAHLER A H，1987. The factor of scale in remote sensing [J] . Remote sensing of environment，21（3）：311-332.

WOODCOCK C E，STRAHLER A H，JUPP D L B，1988.The use of variograms in remote sensing：I. Scene models and simulated images [J] . Remote sensing of environment，25（3）：349-379.

WU J G，JELINSKI D，MATT L，et al.，2000.Multiscale analysis of landscape heterogeneity：scale variance and pattern metrics [J] . Geographic information sciences，6（1）：6-19.

WU H，LI Z L，2009.Scale issues in remote sensing：a review on analysis，processing and modeling［J］. Sensors，9（3）：1768.

WU H，TANG B H，LI Z L，2013.Impact of nonlinearity and discontinuity on the spatial scaling effects of the leaf area index retrieved from remotely sensed data［J］. International journal for remote sensing，34（9-10）：3503-3519.

WU L，LIU X，ZHENG X，et al.，2015. Spatial scaling transformation modeling based on fractal theory for the leaf area index retrieved from remote sensing imagery［J］. Journal of applied remote sensing，9（1）：096015.

WU L，QIN Q，LIU X，et al.，2016.Spatial up-scaling correction for leaf area index based on the fractal theory［J］. Remote sensing，8（3）：197.

XU B D，LI J，LIU Q H，et al.，2015. Review of methods for evaluating representativeness of ground station observations［J］. Journal of remote sensing，19（5）：703-718.

YAN G J，HU R H，WANG Y T，et al.，2016. Scale effect in indirect measurement of leaf area index［J］. IEEE Transactions on geoscience and remote sensing，54（6）：3475-3484.

YIN G F，LI J，LIU Q，et al.，2015a. Regional leaf area index retrieval based on remote sensing：the role of radiative transfer model selection［J］. Remote sensing，7（4）：4604-4625.

YIN G F，LI J，LIU Q，et al.，2015b.Improving leaf area index retrieval over heterogeneous surface by integrating textural and contextual information：a case study in the heihe river basin［J］. IEEE Geoscience and remote sensing letters，12（2）：359-363.

ZENG Y，LI J，LIU Q，et al.，2014.A sampling strategy for remotely sensed LAI product validation over heterogeneous land surfaces［J］. IEEE Journal of selected topics in applied earth observations and remote sensing，7（7）：3128-3142.

ZHANG R H，TIAN J，LI Z L，et al.，2008. Spatial scaling and information fractal dimension of surface parameters used in quantitative remote sensing［J］. International journal of remote sensing，29（17-18）：5145-5159.